QUANTUM

安徽省科技创新战略与软科学研究专项项目（202306f01050004）成果

量子科普

优秀作品集

何　勇　主编

$$\psi_{\mathrm{kitty}} = \frac{1}{\sqrt{2}}\psi_{\mathrm{alive}} + \frac{1}{\sqrt{2}}\psi_{\mathrm{dead}}$$

中国科学技术大学出版社

内 容 简 介

在中国科学院学部工作局与中国科学技术大学的指导下,中国科学技术大学科学传播研究与发展中心联合中国信息协会量子信息分会成功举办了首届"量子信息与量子科技"科普作品评优活动。为了让更多的公众能够看到优秀作品,遴选出部分量子科普优秀作品并征集知名科普作家的作品结集出版。内容包括"10 分钟看懂量子比特、量子计算和量子算法""量子计算漫谈""追光者:小小对讲机也有大能量""量子春秋""单光子为什么是量子科技的'源头'?"等,有助于增进公众对量子科技的了解,可以作为中小学生的科普阅读素材,也可以为专业科普工作者提供参考。

图书在版编目(CIP)数据

量子科普优秀作品集 / 何勇主编. -- 合肥 : 中国科学技术大学出版社,2024.
12. -- ISBN 978-7-312-06101-1

Ⅰ. O413-49

中国国家版本馆 CIP 数据核字第 2024MD8079 号

量子科普优秀作品集
LIANGZI KEPU YOUXIU ZUOPIN JI

出版	中国科学技术大学出版社
	安徽省合肥市金寨路 96 号,230026
	http://press. ustc. edu. cn
	https://zgkxjsdxcbs. tmall. com
印刷	合肥市宏基印刷有限公司
发行	中国科学技术大学出版社
开本	787 mm×1092 mm　1/16
印张	13.5
字数	279 千
版次	2024 年 12 月第 1 版
印次	2024 年 12 月第 1 次印刷
定价	90.00 元

前　言

　　量子信息科学是引领未来科技革命的重要力量。今天,我们处于第二次量子科技革命的浪潮之中,正在见证量子信息领域的系列突破引领国际科学前沿的发展。中国的量子科学研究团队是这一领域的佼佼者,已经在量子通信、量子计算等领域取得了令人瞩目的成就,为世界科技的进步贡献了中国智慧和中国力量。科普创作是科学共同体与民众进行沟通交流的渠道,能够有效地争取到社会公众对于科学任务的理解与支持,同时也承担着向公众普及科学知识、激发科学兴趣、提升科学素养的重任。

　　在中国科学院学部工作局与中国科学技术大学的指导下,中国科学技术大学科学传播研究与发展中心联合中国信息协会量子信息分会成功举办了首届"量子信息与量子科技"科普作品评优活动。量子科普作品评优活动历时一年,全国各大高校、科研院所以及专业科普作家踊跃投稿。经过专家评审、获奖作品公示等环节,最终38件作品分获各级奖项。这些作品体裁多样,在展示我国在量子科技领域的最新研究成果的同时,也对量子物理学中的奇妙科学知识在不同层次水平上进行了科普,体现了科普作品创作的新思维和新形式。阅读这些作品不仅是一次科普学习,也是在共同见证中国量子科技领域的辉煌成就!

　　为了让更多的公众能够看到这些优秀作品,我们遴选出部分优秀作品并征集知名科普作家的作品结集出版。在本书的编撰整理过程中,得到了赵政国院士以及中国科学院学部工作局、中国科学技术大学、中国信息协会量子信息分会等单位的专家学者的指导与帮助,在此一并表示感谢!

目　　录

从量子力学到量子信息

袁岚峰

一、量子是"离散变化的最小单元"

看到"量子"这个词,许多人在"不明觉厉"之余,第一反应就是把它理解成某种粒子。但是只要是上过中学的人都知道,我们日常见到的物质是由原子组成的,原子又是由原子核与电子组成的,原子核是由质子和中子组成的,那么量子是什么粒子? 难道是比电子、质子、中子更小的粒子吗?

其实不是。当我们说某个粒子是量子的时候,一定要针对某个具体的事物,说它是这个事物的量子,例如光子(photon)是光的量子,铁原子是铁的量子。并没有某种粒子专门叫作"量子"! 所以你不能问量子跟电子、质子、中子相比是大是小,这种问题完全是误解。

那么量子究竟是什么? 量子(quantum)的定义是这样的:一个事物如果存在最小的不可分割的基本单元,我们就说它是"量子化"(quantized)的,并把最小单元称为"量子"。用专业语言来说,量子就是"离散变化的最小单元"。什么叫"离散变化"? 就是不连续的变化、跳跃性的变化。

例如我们统计人数时,可以有一个人、两个人,但不可能有半个人、1/3 个人。我们上台阶(图 1)时,只能上一个台阶、两个台阶,而不能上半个台阶、1/3 个台阶。(有网友评论:我上过半个台阶,然后在医院躺了半个月。)这些就是"离散变化"。对统计人数来说,一个人就是一个量子。对上台阶来说,一个

图 1　上台阶

＊　本文为编委会特别推荐文章,节选自中国科学技术大学出版社《量子信息简话:给所有人的新科技革命读本》。

台阶就是一个量子。如果某个东西只能离散变化,我们就说它是量子化的。

著名科普作家、中国科学院物理研究所研究员曹则贤 2019 年 12 月 30 日做过一个跨年演讲《什么是量子力学》,举了两个有趣的例子。

第一个例子是"二桃杀三士"的故事。春秋时期,齐景公有三个勇士公孙接、田开疆、古冶子,他们战功彪炳,但恃功而骄。相国晏子设计除掉他们,说要赏赐他们两颗珍贵的桃子。三个人无法均分两个桃子,只得通过比较功劳来争抢。三人在争抢中感到羞愧,最后全都拔剑自杀。这里的桃子就是"量子","二桃杀三士"就是晏子的"量子计谋"。

第二个例子是皮定均发鸡蛋。皮定均(图 2)是中华人民共和国开国中将,以中原突围闻名于世。他规定给士兵发鸡蛋必须是以煮鸡蛋的形式,而不能做成鸡蛋汤或炒鸡蛋。这是为什么呢?因为煮鸡蛋是一个个"量子",吃到了就是吃到了,没吃到就是没吃到,不存在贪污的空间。而鸡蛋汤和炒鸡蛋就不是量子,二斤鸡蛋炒两个辣椒和二斤辣椒炒两个鸡蛋,都是辣椒炒鸡蛋,有含糊的余地。现在你明白皮定均将军是多么关心士兵了吧?

图 2 皮定均

跟"离散变化"相对的叫作"连续变化"。例如你在平地上走路,你可以走出 1 米,也可以走出 1.2 米,也可以走出 1.23 米,如此等等,任何一个距离都是允许的。这就是连续变化。

显然,离散变化和连续变化在日常生活中都大量存在,这两个概念本身都很容易理解。那么,为什么"量子"这个词会变得如此重要呢?

因为人们发现,离散变化是微观世界的一个本质特征。

微观世界中的离散变化包括两类:一类是物质组成的离散变化,一类是物理量的离散变化。

先来看第一类,物质组成的离散变化。

例如你把一块铁不断地分割下去,最小就会得到一个个铁原子,更小就不是铁了,所以铁原子就是铁的量子。

又如光是由一个个光子组成的，一束光至少要有一个光子，否则就没有光了。你不可能分出半个光子、1/3 个光子，所以光子就是光的量子。我们平时很难意识到光是由一个个光子组成的，因为很弱的光里就包含巨大数量的光子。但以现在的技术条件，确实可以产生和探测单个光子。

又如电子最初是在阴极射线（图 3）中发现的，阴极射线由一个个电子组成，你不可能分出半个电子、1/3 个电子，所以电子就是阴极射线的量子。

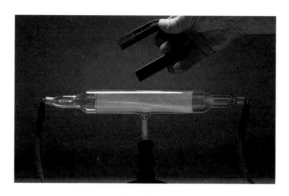

图 3　磁场使带负电的阴极射线偏转

再来看第二类，物理量的离散变化。

例如氢原子中只有一个电子，这个电子的能量最低等于 − 13.6 eV（eV 是一种能量单位，叫作"电子伏特"，它等于一个电子通过 1 伏特的电势差获得的能量，约等于 1.6×10^{-19} 焦耳）。电子的能量也可以高于这个最低值，但不能取任意的值，而只能取一个个台阶的值。这些台阶分别是最低值的 1/4、1/9、1/16 等等，总之就是 − 13.6 eV 除以某个自然数的平方。在这些台阶之间的值，例如 − 10 eV、− 5 eV 是不可能出现的。我们把这些台阶称为一个个"能级"（energy level）。因此，氢原子中电子的能量是量子化的（图 4）。

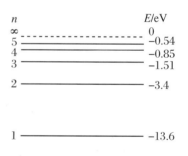

图 4　氢原子能级

其实不只是氢原子，每一种原子、分子中电子的能量都是量子化的，这是普遍现象。也不只是能量，电荷、磁矩、角动量等许多其他性质，在微观世界中也是量子化的，这是普遍现象。

因此，量子化是微观世界的本质特征。这就是"量子力学"（quantum mechanics）这个词的由来，它是描述微观世界的基础理论。在量子力学出现后，人们就把传统的牛顿力学称为"经典力学"（classical mechanics）。

对于经典力学适用的宏观现象，量子力学就会简化为经典力学，它们会给出相同的预测。因此,在经典力学正确的地方,量子力学肯定也正确。在这个意义上,量子力学并不是推翻了经典力学,而是扩展了经典力学。但是如果对一个现象,量子力学和经典力学给出了不同的预测,那么量子力学一定是对的,经典力学一定是错的。也就是说,量子力学的适用范围比经典力学大得多。

图 5　普朗克

在普通民众听起来,量子力学似乎很新奇。但物理和化学专业的人都在本科阶段学过量子力学,所以都知道量子力学是个很古老的理论——已经超过一个世纪了!

量子力学的起源是在 1900 年,由德国物理学家马克斯·普朗克(Max Planck,1858—1947,图 5)提出。他在研究黑体辐射(black body radiation)的时候发现,必须假设电磁波的能量是一份一份的,而不是连续变化的,才能解释实验数据,由此推开了量子论的大门。

此后的二三十年中,若干位科学家对量子力学做出很大的贡献,包括阿尔伯特·爱因斯坦(Albert Einstein,1879—1955)、尼尔斯·玻尔(Niels Henrik David Bohr,1885—1962)、路易·德布罗意(Louis-Victor Pierre Raymond de Broglie,1892—1987)、沃纳·海森伯(Werner Karl Heisenberg,1901—1976)、埃尔温·薛定谔(Erwin Schrödinger,1887—1961)、保罗·狄拉克(Paul Adrien Maurice Dirac,1902—1984)、沃尔夫冈·泡利(Wolfgang Pauli,1900—1958)、马克斯·玻恩(Max Born,1882—1970)等人(图 6)。这些人都因此获得了诺贝尔奖。

图 6　1927 年第五届索尔维会议

第三排(左起):皮卡尔德、亨里奥特、埃伦费斯特、赫尔岑、顿德尔、薛定谔、菲尔特、泡利、海森伯、福勒、布里渊

第二排:德拜、努森、布拉格、克雷默、狄拉克、康普顿、德布罗意、玻恩、玻尔

第一排:朗缪尔、普朗克、居里、洛伦兹、爱因斯坦、朗之万、古耶、威尔逊、理查森

是的，爱因斯坦获得诺贝尔奖是因为量子力学，而不是因为相对论！具体而言，是因为他提出了光量子即光子的概念，并以此解释了光电效应（图7）。爱因斯坦没有因为相对论获得诺贝尔奖，是因为当时评奖委员会里有些人十分保守，一直不同意相对论。但这无损于他的地位，因为爱因斯坦获诺贝尔奖是诺贝尔奖的荣幸，而不是爱因斯坦的荣幸。

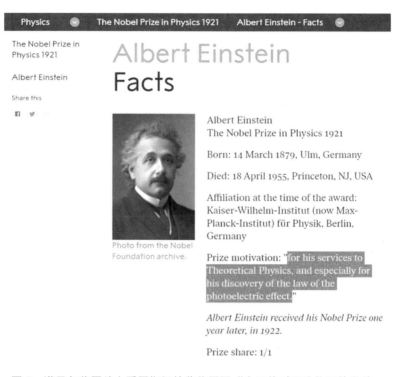

图7　诺贝尔奖网站上爱因斯坦的获奖原因："由于他对理论物理的贡献，尤其是发现了光电效应的规律。"

到20世纪30年代，量子力学的理论大厦已经基本建立起来，能够对微观世界的大部分现象做出定量描述了。科学界公认，量子力学和相对论是当代物理学的两大基础理论。经典力学是这两大基础理论在宏观低速运动条件下的近似，当处理微观问题时就一定需要量子力学，当处理高速运动（狭义相对论）或者强引力场（广义相对论）时就一定需要相对论。在这个意义上，量子力学和相对论是经典力学向两个不同方向的推广。而它们俩之间还没有完全统一起来，这是当代物理学的前沿问题。

这两大基础理论的一个明显的区别是，相对论主要是爱因斯坦个人的智力成就，而量子力学是多位科学家的集体创作。具体而言，当然也有很多其他人对相对论做出了贡献，但如果没有爱因斯坦，可能人类直到现在都没有发现广义相对论，因为当时根本没有别人在考虑相应的问题。这是爱因斯坦独一无二的地方。狭义相对论倒是只差临门一脚了，即使没有爱因斯坦，亨利·庞加莱（Henri Poincaré，1854—1912）、亨德里克·洛伦兹

（Hendrik Antoon Lorentz，1853—1928）等人也可能把它搞出来，但完成临门一脚的就是爱因斯坦。总之，相对论有一个明确的代表性人物——爱因斯坦，但量子力学很难用一个人来代表。

二、量子力学能用来干什么？更该问的是它不能干什么！

在知道了量子力学这个学科后，许多人就会来问：它能用来干什么？

实际上，这个问题问偏了。真正有意义的问题是：量子力学不能用来干什么？因为量子力学能干的实在是太多了，几乎找不到跟它没关系的地方！

如果你问：相对论能用来干什么？倒是能给出一些具体的回答。

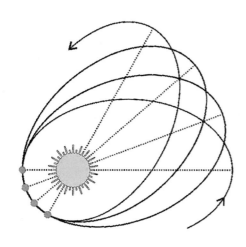

图8　水星近日点进动

例如在宇宙学中，大爆炸、黑洞等现象离不开广义相对论。太阳对光线的偏折、水星近日点进动（图8），都是广义相对论的经典例证。又如在重元素的化学中，当原子核的电荷数很大时，内层电子的速度会接近光速，产生显著的相对论效应，由此导致"镧系收缩"等现象。又如对于北斗和GPS等卫星导航系统，既有广义相对论的效应，又有狭义相对论的效应。天上的引力比地面的弱，由此导致天上的时间流逝得快一点，这是广义相对论的效应。同时卫星相对于地面高速运动，由此导致卫星的时间流逝得慢一些，这是狭义相对论的效应。这两个效应方向相反，具体哪个效应大取决于卫星的高度。卫星导航系统一定要对这两个相对论效应进行修正，否则定位就会有很大误差。

相对论在日常生活中的应用也许还能列出一些，但整体上实在是不多，因为我们平时很少遇到接近光速的运动和强引力场的条件。实际上，广义相对论的研究者在所有物理学家中只占一小部分，甚至学过广义相对论的学生在物理专业中也只占一小部分。而相比之下，学过量子力学的人就太多了，所有物理专业和化学专业的学生都要学。

量子力学的研究活跃度也大大高于相对论。在媒体报道中你会发现，量子领域日新月异，而相对论领域的大新闻却是发现一种爱因斯坦一百年前预言的现象——引力波(图 9)。①

图 9　两个黑洞合并产生引力波

　　为什么量子力学无所不在？基本的道理在于,描述微观世界必须用量子力学,而宏观物质的性质又是由其微观结构决定的。因此,不仅研究原子、分子、激光这些微观对象时必须用到量子力学,而且研究宏观物质的导电性、导热性、硬度、晶体结构、相变等性质时也必须用到量子力学。

　　许多最基本的问题,是量子力学出现后才能回答的。例如：

1. 原子的稳定性

　　为什么原子能保持稳定？也就是说,为什么原子中的电子不会落到原子核上(图 10)？这在刚发现原子结构的时候是一个严重的问题,因为电子带负电,原子核带正电,按照经典理论,电子一定会落到原子核上,原子也就崩塌了。为什么这没有发生呢？

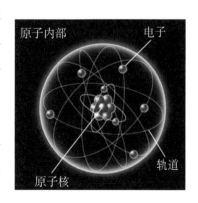

图 10　原子模型

　　回答是：因为原子中电子的能量是量子化的,有个最低值。如果电子落到原子核上,能量就变成负无穷,低于这个值了,所以它不能掉下去。

2. 化学的基本原理

　　为什么原子会结合成分子？例如两个氢原子 H 结合成一个氢分子 H_2。

　　回答是：因为分子的能量也是量子化的。如果分子的最低能量低于各个原子的最

---

① 　2017 年,雷纳·韦斯(Rainer Weiss)、巴里·巴里什(Barry Clark Barish)和基普·索恩(Kip Stephen Thorne)因为对引力波探测的贡献获得诺贝尔物理学奖。

低能量之和,例如氢分子的能量低于两个氢原子的能量,那么这些原子形成分子时就会放出能量,形成分子就是有利的。事实上,根据量子力学原理,我们已经能够精确计算很多分子的能量了。

3. 物质的硬度

为什么物质会有硬度? 比如说一块木头或一块铁是硬的。这个问题实际上就是,为什么会存在固体。在微观上也就是说,为什么原子靠得太近时会互相排斥,而不会摞到一块去?

回答是:因为有一条基本原理叫作泡利不相容原理(Pauli exclusion principle),说的是两个费米子(fermion)不能处于同一个状态。费米子是一类粒子的统称,电子就属于费米子。这条原理决定了,当两个原子靠得太近时,就会产生一种强烈的排斥,阻止两个电子落到相同的状态(图 11)。

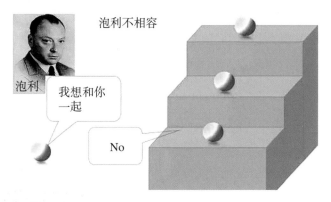

图 11　泡利不相容原理

4. 导电性

为什么有些物质能导电,例如铜和铝? 为什么有些物质不导电,例如木头和塑料? 为什么又有些物质是半导体,例如硅和锗? 为什么还有些物质是超导体,例如低温(低于 4.2 K)下的水银?

这些关于导电性的问题,在量子力学出现之前是无法回答的。大家可以回忆一下,在中小学是如何解释导电性的。那时最好的解释是所谓自由电子的理论:有些物质导电是因为其中的电子是自由的,而另一些物质不导电是因为其中的电子不是自由的。但请仔细想想,这真的解释了任何事情吗? 其实并没有,它只是循环论证而已,因为它不能预测。如果你追根究底地问:为什么铜和铝中的电子就是自由的,木头和塑料中的电子就是不自由的呢? 这就完全说不清了。

真正的改变发生在量子力学出现以后。人们发展出了一套理论,可以明确地解释和预测哪些物质会导电,哪些物质不导电。它叫作"能带理论"(energy band theory)。

根据能带理论,大量能量十分接近的能级组成一条条能带(图12)。如果电子部分占据一条能带,最上面的电子只需极少的能量就能跳到上面的能级,这种体系就是导体(conductor),例如铜和铝。如果电子完全占满了一个能带,而跟下一个能带之间有一个显著的能量间隙,最上面的电子需要很多能量才能跳到上面的能级,这种材料就是绝缘体(insulator),例如木头和塑料。

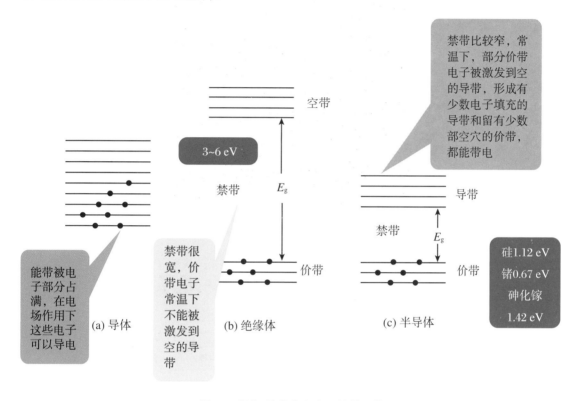

图12　导体、绝缘体和半导体的能带

能带理论不但能解释导体和绝缘体,还能指导我们制造和操纵新的材料,例如半导体(semiconductor)和超导体(superconductor)。如大家所知,半导体是整个芯片(chip)技术的基础。在这些意义上,所有的电器都用到了量子力学。只要你在用电,你就在用量子力学了!因此,要找一个没有用到量子力学的现代技术,几乎不可能。

量子力学不但能用来解释自然界已有的现象,还能用来创造自然界没有的现象。例如,激光器(图13)和发光二极管都是根据量子力学的原理设计出来的。

所以我们可以明白,现代社会几乎所有的技术成就都离不开量子力学。你打开一个电器,导电性是由量子力学解释的,电源、芯片、存储器、显示器等器件的工作原理都来自量子力学。你走进一个房间,钢铁、水泥、玻璃、塑料、纤维、橡胶等材料的性质都是基于量子力学的。你登上飞机、汽车、轮船,发动机中燃料的燃烧过程是由量子力学决定的。你研制新的化学工艺、新材料、新药等,都离不开量子力学。

图 13　高功率激光

三、量子力学 ＋ 信息科学 → 量子信息

当你对量子力学有所了解之后,下一个问题就是:既然量子力学完全不是一个新学科,出现已经超过一个世纪,为什么最近却又变得如此火热?

回答是:20 世纪 80 年代以来,量子力学与信息科学交叉,产生了一门新的学科——量子信息(quantum information)。许多物理学家把量子信息的兴起称为"第二次量子革命",跟量子力学创立时的"第一次量子革命"相对应。

为什么会有第二次量子革命? 归根结底,是因为我们对单个量子操纵能力的进步。

在量子力学发展的早期,我们观测和控制的都是大量粒子的集体,而不能操控单个粒子。当时甚至还有很多物理学家认为这是量子力学的本质特征。但现在我们知道,这种观点是错误的。

例如传统的光电探测器,需要接收大约 10 亿个光子才能形成一个像素点。而 2018 年以来,潘建伟院士、徐飞虎教授的团队发展了一个高精尖的单光子相机系统(图 14),只需一个光子就可以成像。

这个 10 亿倍的进步,使他们能做到很多以前做不到的事。例如,他们在雾霾天,对 8.2 千米外一个人的模型进行姿态识别,清晰地看到这个模型把手举起来了(图 15)。他们在 45 千米外对浦东民航大厦进行拍摄,也得到了清晰的图像(图 16)。因此,他们把这项技术称为"雾里看花"。

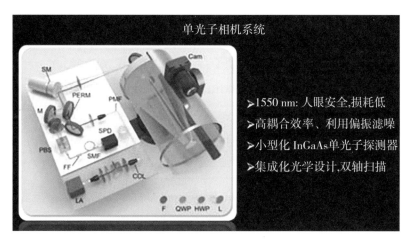

图 14　单光子相机系统

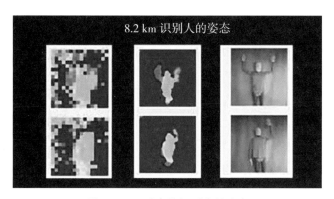

图 15　8.2 千米外识别人的姿态

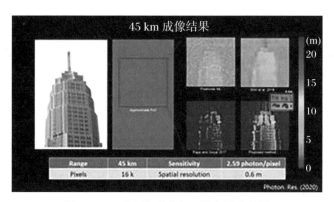

图 16　45 千米外对浦东民航大厦的拍摄

　　因此,是量子信息的大发展,把量子变成了舆论热词。新闻中报道的量子科技,绝大多数时候指的就是量子信息。这是一个蓬勃发展的研究领域,是学术界的主流而不是偏门,全世界有大量的科研人员投身于此。普遍认为,量子信息跟可控核聚变、人工智能并列,属于颠覆性的战略科技。

量子信息包括哪些内容呢？可以先来看看我们平时用到什么信息技术。我们最常用的是手机，这是用来通信的；以及计算机，这是用来计算的。还有钟表、尺子、温度计等也可以算作信息技术，它们是用来测量的。相应地，量子信息也分为三个领域（图17）：量子通信（quantum communication）、量子计算（quantum computing）与量子精密测量（quantum precision measurement 或 quantum metrology）。在每个领域内部，各自有若干种具体的技术。它们的目标都是利用量子力学的特性来超越传统的信息技术。

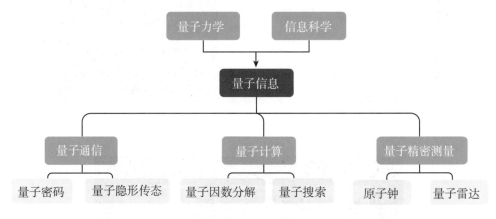

图 17　量子信息的三个分支

在量子信息的三个分支中，量子精密测量是相对容易理解的。例如，刚才说的"雾里看花"就是典型的量子精密测量技术。而要理解量子通信和量子计算，难度就呼呼地上去了。因为它们的原理用到量子力学许多深入的特性，不是"操控单个量子"这么一句话就够的。也正因为如此，它们能够实现很多不可思议的功能。

一个非常有戏剧性的例子，是科幻电影中的"传送术"（图18）。是的，传送术在原理上是可以实现的！它的专业名称叫作"量子隐形传态"（quantum teleportation）。

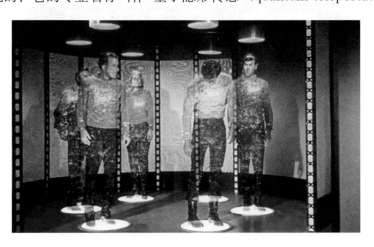

图 18　电影《星际迷航》中的传送术

量 子 春 秋

施 郁

一、爱因斯坦为何获得诺贝尔奖?

1. 爱因斯坦的诺贝尔奖

100 年前,1922 年 11 月 13 日,阿尔伯特·爱因斯坦(Albert Einstein)前往日本所乘的邮轮"北野丸"停靠在上海汇山码头,他得到获诺贝尔奖的通知[1]。其实他在启程前就得到可能会得诺奖的暗示[2-3]。11 月 10 日,瑞典科学院秘书奥里维里斯(Christopher Aurivillius)已经以柏林大学为地址发了电报给爱因斯坦(本文引文均由作者翻译自英文)[2-3]:

"诺贝尔物理学奖授予您,详情见信。"

信中写道:"瑞典皇家科学院决定授予您去年的诺贝尔物理学奖,这是考虑到您对理论物理,特别是光电效应定律的贡献,但是没有考虑您的相对论与引力理论在未来得到证实之后的价值。"

爱因斯坦获得的是 1921 年空缺的诺贝尔物理学奖,正式颁奖词是:"奖励他对理论物理的贡献,特别是他发现的光电效应定律(for his services to Theoretical Physics, and especially for his discovery of the law of the photoelectric effect)。"可见,虽然爱因斯坦的获奖理由主要是光电效应定律,但是诺奖委员会也表达了对相对论的敬意。在爱因斯坦的科学生涯中,量子论和相对论是两条相互交织的线,都源于 1905 年——他的奇迹年。

2. 奇迹年

"我向你许诺将发表 4 篇文章,第一篇我可以很快就寄给你,因为很快我能得到赠送

---

* 本文在量子科普作品评优活动中获图文组二等奖。原文首发于墨子沙龙公众号,并由墨子沙龙代为投稿。

的抽印本。这篇文章是关于光的辐射和能量性质的，非常具有革命性……"

"第二篇文章从中性物质的稀薄溶液的扩散和黏滞，确定分子的真实大小。"

"第三篇文章以热的分子理论为假设，证明了 1/1000 毫米数量级大小的物体肯定在做由热运动产生的、可以观察到的无规运动。事实上，生理学家已经观察到（没有解释）悬浮的无生命物体的运动，称之为布朗分子运动。"

"第四篇目前还只是一个粗略的草稿，是关于运动物体的电动力学，修改了空间和时间的理论。此文的纯运动学部分肯定能让你发生兴趣。"

这是 1905 年 5 月 18 日或 25 日，瑞士伯尔尼专利局三级技术专家爱因斯坦给朋友哈比希特（Conrad Habicht）的信[4]。这四篇文章如期完成[5-8]。而且，他还在第四篇文章的基础上，发表了第五篇文章[9]，给出质量-能量等效关系，它成为最著名的物理公式之一。除了第二篇，四篇文章均发表于期刊《物理学年鉴》（Annalen der Physik）。第二篇文章是他的博士论文，次年也发表于《物理学年鉴》（图 1～图 5）。

132

6. Über einen die Erzeugung und Verwandlung des Lichtes betreffenden heuristischen Gesichtspunkt; von A. Einstein.

Zwischen den theoretischen Vorstellungen, welche sich die Physiker über die Gase und andere ponderable Körper gebildet haben, und der Maxwellschen Theorie der elektromagnetischen Prozesse im sogenannten leeren Raume besteht ein tiefgreifender formaler Unterschied. Während wir uns nämlich den Zustand eines Körpers durch die Lagen und Geschwindigkeiten einer zwar sehr großen, jedoch endlichen Anzahl von Atomen und Elektronen für vollkommen bestimmt ansehen, bedienen wir uns zur Bestimmung des elektromagnetischen Zustandes eines Raumes kontinuierlicher räumlicher Funktionen, so daß also eine endliche Anzahl von Größen nicht als genügend anzusehen ist zur vollständigen Festlegung des elektromagnetischen Zustandes eines Raumes. Nach der Maxwellschen Theorie ist bei allen rein elektromagnetischen Erscheinungen, also auch beim Licht, die Energie als kontinuierliche Raumfunktion aufzufassen, während die Energie eines ponderabeln Körpers nach der gegenwärtigen Auffassung der Physiker als eine über die Atome und Elektronen erstreckte Summe darzustellen ist. Die Energie eines ponderabeln Körpers kann nicht in beliebig viele, beliebig kleine Teile zerfallen, während sich die Energie eines von einer punktförmigen Lichtquelle ausgesandten Lichtstrahles nach der Maxwell-

图 1　爱因斯坦关于光电效应的论文

EINE NEUE BESTIMMUNG DER MOLEKÜLDIMENSIONEN

INAUGURAL-DISSERTATION

ZUR

ERLANGUNG DER PHILOSOPHISCHEN DOKTORWÜRDE

DER

HOHEN PHILOSOPISCHEN FAKULTÄT
(MATHEMATISCH-NATURWISSENSCHAFTLICHE SEKTION)

DER

UNIVERSITÄT ZÜRICH

VORGELEGT

VON

ALBERT EINSTEIN

AUS ZÜRICH

Begutachtet von den Herren Prof. Dr. A. KLEINER
und
Prof. Dr. H. BURKHARDT

BERN
BUCHDRUCKEREI K. J. WYSS
1905

图 2　爱因斯坦的博士论文

---

5. *Über die von der molekularkinetischen Theorie*
der Wärme geforderte Bewegung von in ruhenden
Flüssigkeiten suspendierten Teilchen; •
von A. Einstein.

In dieser Arbeit soll gezeigt werden, daß nach der molekular-kinetischen Theorie der Wärme in Flüssigkeiten suspendierte Körper von mikroskopisch sichtbarer Größe infolge der Molekularbewegung der Wärme Bewegungen von solcher Größe ausführen müssen, daß diese Bewegungen leicht mit dem Mikroskop nachgewiesen werden können. Es ist möglich, daß die hier zu behandelnden Bewegungen mit der sogenannten „Brownschen Molekularbewegung" identisch sind; die mir erreichbaren Angaben über letztere sind jedoch so ungenau, daß ich mir hierüber kein Urteil bilden konnte.

Wenn sich die hier zu behandelnde Bewegung samt den für sie zu erwartenden Gesetzmäßigkeiten wirklich beobachten läßt, so ist die klassische Thermodynamik schon für mikroskopisch unterscheidbare Räume nicht mehr als genau gültig anzusehen und es ist dann eine exakte Bestimmung der wahren Atomgröße möglich. Erwiese sich umgekehrt die Voraussage dieser Bewegung als unzutreffend, so wäre damit ein schwerwiegendes Argument gegen die molekularkinetische Auffassung der Wärme gegeben.

图 3　爱因斯坦关于布朗运动的论文

3. *Zur Elektrodynamik bewegter Körper;*
von A. Einstein.

Daß die Elektrodynamik Maxwells — wie dieselbe gegenwärtig aufgefaßt zu werden pflegt — in ihrer Anwendung auf bewegte Körper zu Asymmetrien führt, welche den Phänomenen nicht anzuhaften scheinen, ist bekannt. Man denke z. B. an die elektrodynamische Wechselwirkung zwischen einem Magneten und einem Leiter. Das beobachtbare Phänomen hängt hier nur ab von der Relativbewegung von Leiter und Magnet, während nach der üblichen Auffassung die beiden Fälle, daß der eine oder der andere dieser Körper der bewegte sei, streng voneinander zu trennen sind. Bewegt sich nämlich der Magnet und ruht der Leiter, so entsteht in der Umgebung des Magneten ein elektrisches Feld von gewissem Energiewerte, welches an den Orten, wo sich Teile des Leiters befinden, einen Strom erzeugt. Ruht aber der Magnet und bewegt sich der Leiter, so entsteht in der Umgebung des Magneten kein elektrisches Feld, dagegen im Leiter eine elektromotorische Kraft, welcher an sich keine Energie entspricht, die aber — Gleichheit der Relativbewegung bei den beiden ins Auge gefaßten Fällen vorausgesetzt — zu elektrischen Strömen von derselben Größe und demselben Verlaufe Veranlassung gibt, wie im ersten Falle die elektrischen Kräfte.

图 4 爱因斯坦关于运动物体的电动力学的论文

13. *Ist die Trägheit eines Körpers von seinem*
Energieinhalt abhängig?
von A. Einstein.

Die Resultate einer jüngst in diesen Annalen von mir publizierten elektrodynamischen Untersuchung[1]) führen zu einer sehr interessanten Folgerung, die hier abgeleitet werden soll.

Ich legte dort die Maxwell-Hertzschen Gleichungen für den leeren Raum nebst dem Maxwellschen Ausdruck für die elektromagnetische Energie des Raumes zugrunde und außerdem das Prinzip:

Die Gesetze, nach denen sich die Zustände der physikalischen Systeme ändern, sind unabhängig davon, auf welches von zwei relativ zueinander in gleichförmiger Parallel-Translationsbewegung befindlichen Koordinatensystemen diese Zustandsänderungen bezogen werden (Relativitätsprinzip).

Gestützt auf diese Grundlagen[2]) leitete ich unter anderem das nachfolgende Resultat ab (l. c. § 8):

Ein System von ebenen Lichtwellen besitze, auf das Koordinatensystem (x, y, z) bezogen, die Energie l; die Strahlrichtung (Wellennormale) bilde den Winkel φ mit der x-Achse des Systems. Führt man ein neues, **gegen das System** (x, y, z) in gleichförmiger Paralleltranslation begriffenes Koordinatensystem (ξ, η, ζ) ein, dessen Ursprung sich mit der Geschwindigkeit v längs der x-Achse bewegt, so besitzt die genannte Lichtmenge — im System (ξ, η, ζ) gemessen — die Energie:

图 5 爱因斯坦关于质能关系的论文

这几篇文章都是革命性的,改变了物理学,也改变了人类社会,因此1905年被称为"爱因斯坦奇迹年"[10]。在从经典物理到现代物理的跨越中,爱因斯坦以他的光辉成就成为这一变革中最伟大的科学家,充分展现出人类科学史上顶尖的创造力、想象力,彰显了思想的力量,也表现了他对于大自然和谐与美的追寻(图6)。

爱因斯坦据以获得诺奖的"光电效应定律"是光量子假说的应用,包含在他1905年的第一篇论文中[5]。下面我们再深入讨论一下这个工作。

图6　瑞士伯尔尼专利局三级技术专家爱因斯坦,在本职工作之余,改
　　　变了物理学,也改变了世界

3. 光量子论文

爱因斯坦的光量子假说是早期量子论的关键之一,成为量子论进一步发展的基石,为量子力学和量子场论打下基础,揭示了物质和电磁辐射相互作用的本质,带来人类实在观的重大变革。在爱因斯坦之前,普朗克(Max Planck)已经引进量子的概念,但是不同于广为流传的各种误解,普朗克所提出的是,发射电磁波的振子(即带电粒子)的振动

能量,是一份一份的、量子化的。爱因斯坦将量子论大大推进,提出电磁波本身就是由能量量子组成的。次年,爱因斯坦又提出,普朗克的理论表明,电磁波的产生和吸收是一份一份的、量子化的。爱因斯坦原文是:"我们必须将如下的命题视作普朗克辐射理论的基础:基本振子的能量只能取 $(R/N)\beta\nu$ 的整数倍;通过辐射和吸收,振子的能量改变是 $(R/N)\beta\nu$ 的整数倍。"[5]爱因斯坦的符号 R/N 是玻尔兹曼常数 k,β 是 h/k,其中 h 是普朗克常数。

(1) 能量均分定理与瑞利-爱因斯坦-金斯定律

爱因斯坦在光量子论文中,首先指出普朗克公式与能量均分定理的冲突[6,11,12]。能量均分定理是经典统计力学的一个结论:热平衡下,每个粒子的 1 维振动的平均能量是温度乘以玻尔兹曼常数。玻尔兹曼常数 k 是气体常数 R 除以阿伏伽德罗常数 N。对于阿伏伽德罗常数 N,我顺便提供一个简单易懂的现代解读:N 是 1 克核子的数量。所以 N 就是核子质量(以克为单位)的倒数,也是 A 克总质量数为 A 的分子或者原子的数量。核子(质子或中子,质量差别忽略不计)组成原子核,与质量忽略不计的电子组成原子。分子可以是单原子,也可以由多个原子组成,因此分子质量约等于核子质量乘以核子数目。提供 1 克核子的物质(由原子或者分子组成)就是通常所说的 1 摩尔。气体常数就是 1 摩尔物质的平均能量除以温度,玻尔兹曼常数是一个 1 维振子的平均能量除以温度,因此玻尔兹曼常数 k 就是气体常数 R 除以阿伏伽德罗常数 N。

爱因斯坦将能量均分定理应用于带电粒子的振动,得到每个振子的平均能量是玻尔兹曼常数乘以温度,将此结果带入普朗克得到的振子平均能量与电磁波能量密度的正比关系(比例关系中包含频率的平方),得到黑体辐射在低频下的能量密度公式。爱因斯坦指出,这导致总能量趋于无穷大,因为能量密度正比于频率平方。

这个公式正是通常所说的瑞利-金斯定律的简化形式。这是普朗克定律在低频区的极限。1900 年,瑞利勋爵(Lord Rayleigh)首先得到,而且还正确地指出,他的公式可以作为温度与频率较低时的极限。他没有确定数字系数,但是加了个指数衰减因子,以避免总能量无穷大。1900 年两个实验组报告他们的最新结果时,都与瑞利的公式做了比较。在爱因斯坦光量子论文完成(1905 年 3 月 17 日)之后、发表(6 月 9 日)之前,瑞利在 5 月发表的一篇论文中回到简化形式,并计算了数字系数,但是算错了。6 月 7 日,金斯给出了正确的数字系数。因此理论物理学家和科学史家派斯(Abraham Pais)说,瑞利-金斯定律应该被称为瑞利-爱因斯坦-金斯定律[11]。爱因斯坦也说明了这是普朗克定律的低频极限,还对这个极限情况进行了"控制使用",通过与低频区的实验数据比较,确定了 $N = 6.17 \times 10^{23}$。这体现了爱因斯坦的灵活性。今天我们知道,对能量均分定理的违反正是量子统计行为的一个特征。正如爱因斯坦在 1909 年指出的,能量量子化使得并非所有微观状态都是等概率的,只有一部分微观状态是可能的,这导致对能量均分定理的违反。幸运的是,普朗克没有使用能量均分定理,否则他可能就发现不了普朗克定律。

（2）光量子假说

在提出光量子假说的部分[5,10-11],爱因斯坦转而集中于高频情况,即维恩定律成立的区域。因为熵密度对能量密度的微分就是温度的倒数,他从能量密度做积分,得到熵密度,进而得到熵作为能量的函数。与经典热力学中 n 个分子的熵比较发现:辐射必须看成有 n 个量子(n 等于能量除以 $h\nu$),每个量子的能量恰好是 $h\nu$。在此之前,统计力学限于由原子、分子组成的物质,而爱因斯坦天才地将其运用于辐射。真是神来之笔!维恩定律只是实验数据的总结。因此爱因斯坦将上面的结论作为一个假说提出,这就是光量子假说,他的原文是:"在低密度区(维恩公式成立的区域),单色电磁波在热力学上像是由互相独立的能量量子 $h\nu$ 组成的。"

爱因斯坦以低密度作为维恩公式成立的区域。这个应当是指密度最低的区域,那里频率最高。普朗克定律表明,频率很低的区域的密度也很低(但不是最低)。

（3）光电效应

接着,这篇文章讨论了光量子假说的应用。首先是光致发光,基于光量子假说,用能量守恒论证了斯托克斯规则,即发出的光的频率不超过入射光频率。然后讨论了光电效应,这一节的标题是"通过对固体辐照而产生阴极射线"。1887 年,赫兹(Heinrich Hertz)在研究光的电磁本性时,发现了光电效应。1899 年,汤姆森(J. J. Thomson)发现阴极射线就是电子。1902 年勒纳德(Philip Lenard)发现,光电效应产生的电子的能量与光的强度无关。爱因斯坦用光量子论解释了光电效应,包括勒纳德发现的现象。爱因斯坦提出,最简单的概念是,一个光量子将所有的能量 $h\nu$ 传给单个电子。不过爱因斯坦也说,不能排除电子只吸收光量子能量的一部分(派斯忽略了这一点[11])。电子消耗所谓的"功函数"后,逃出表面,剩余的能量就是电子离开材料表面时的能量。这个能量关系是一个强有力的预言。文章最后还讨论了气体离子化,指出由于能量守恒,光导致电离时,发出的电子的能量不能超过 $h\nu$。

（4）实验验证与后续

密立根(Robert Millikan)经过 10 年的努力,在 1915 年宣布[11]:"我花费了我生命中的 10 年来检验爱因斯坦 1905 年提出的方程,与我的期待相反,我在 1915 年不得不宣布尽管不合理、但是确定无误的验证。这似乎违反我们关于光的干涉所知的一切。"

尽管爱因斯坦的"光电效应定律"得到实验验证,光量子假说本身迟迟却没有为其他物理学家接受。1913 年,普朗克、能斯特(Walther Nernst)、鲁本斯(Heinrich Rubens)和瓦博戈(Emil Warburg)要将爱因斯坦引进到柏林,为他成立凯撒物理学研究所,并兼任柏林大学教授(没有教学任务),并提名他担任普鲁士科学院院士(爱因斯坦次年成行)。提名信写道[11]:"总之,可以说,现代物理学里面几乎没有一个重要领域是爱因斯坦没有作出杰出贡献的。他可能有时候在猜想中迷失目标,比如在他的光量子假说中。但这并不怎么能用来反对他,因为即使是在最严格的科学中,也不可能不在有时候有所冒险就能引进真正新的想法。"

这说明,当时人们普遍认为光量子论是错误的。普朗克所提出的量子化是带电粒子的振动能量。由于带电粒子与电磁场的相互作用,导致了黑体辐射的性质。普朗克在1909年给爱因斯坦的信中声明了与后者的不同[11]:"我不是在真空中,而是在吸收和发射发生的地方,寻找作用量子(光量子),我假设真空中的事情仍然严格地由麦克斯韦方程描述。"

他所谓的真空是指自由空间。两年后,他又在一次会议上说[11]:"我相信应该首先将量子理论的困难移到物质与辐射的相互作用区域。"爱因斯坦才是量子场概念的开创者。

除了爱因斯坦,当时其他物理学家,包括洛伦兹(Hendrik Lorentz)、玻尔(Niels Bohr)和密立根,都同意普朗克的这些意见,即使是在爱因斯坦关于光电效应的预言得到验证之后。普朗克因为"能量量子的发现(discovery of energy quanta)"获1918年诺贝尔物理学奖(1919年决定授予,1920年实际授予)。从普朗克1920年所做的诺贝尔演讲来看,他那时已经接受爱因斯坦光量子说。爱因斯坦因为"光电效应定律的发现"获1921年诺贝尔物理学奖(1922年授予)。诺贝尔奖并没有奖励光量子说本身,而奖励他对光电效应的解释和预言。玻尔直到1925年康普顿效应中的能量动量守恒被证实后,才接受光量子说。这已经是量子力学新时期开始的那一年。

由此,我们对爱因斯坦对此工作的自我评价"非常具有革命性"有更深的理解。我们可以看出,作为量子力学的开端,普朗克和爱因斯坦考察的问题是,量子性质所导致的热力学行为,也就是微观粒子的量子力学所导致的宏观性质的改变。这是量子与经典交界的区域,可以"控制使用"经典热力学和统计物理或者做适度的推广。他们都灵活运用他们所熟稔的热力学和统计物理,特别是熵的概念。由此,他们掀开了量子面纱的一角。他们开创的量子论经过很多物理学家的努力,最终发展为量子力学和量子场论,成为牛顿力学之后对人类认识论冲击最大的科学进展。连续的、决定论的世界图景让位于量子化的、概率论的世界图景。1922年11月10日,爱因斯坦获1921年诺贝尔奖时,玻尔同时获1922年诺贝尔奖。11月11日,玻尔给爱因斯坦发贺信[2]。当时爱因斯坦正在从香港到上海的船上[1]。我翻译一下玻尔的信:

"亲爱的爱因斯坦教授:

最温暖地祝贺您的诺贝尔奖。当然,这个公众认可对您不算什么,但是相应的奖金可能给您的工作条件带来改善。能够和您同时被考虑授奖,对我来说是最大的荣幸和欢乐。我知道我多么不够格获奖,但是我想说,我将此当作好运——除了您在人类思想上的深入参与——您对我所工作的专业领域的基本贡献,以及卢瑟福和普朗克的工作,也应该在考虑我得到这个荣誉之前,正式得到认可。我的妻子和我向您和您的妻子致以温暖的祝福。"

两个有趣的信息,一是虽然玻尔觉得爱因斯坦可能不在乎这个荣誉,但是奖金还是有用的;二是,他认为卢瑟福、普朗克、爱因斯坦都应该在他之前获得诺奖,事实上确实如此。

二、绝路逢生生量子

1900 年 10 月 19 日,是一个星期五。晚上,德国物理学会在柏林开了一个会,讨论黑体辐射的能量谱(在一定温度下的电磁波能量密度中,不同频率的电磁波占有多少)。正是在这个会议上,普朗克(图 7)给出描写黑体辐射能量谱的普朗克定律。

图 7　普朗克(1858—1947)

会后的几个月中,为了从理论上推导出这个定律,普朗克提出,发射电磁波的振子的振动能量,是一份一份的,每一份基本单元叫作"作用量子"。

1905 年,爱因斯坦又将量子论大大推进,提出光量子假说,从理论上发现,电磁波本身就是由能量量子组成的。

1. 黑体辐射和基尔霍夫

通常我们看到物体的颜色,是因为物体反射了那个颜色的可见光,而吸收了其他颜色的可见光。如果有个物体吸收了所有颜色的可见光,以及所有的电磁波(可见光是一定波长范围内的电磁波),不反射任何电磁波,那么这个物体就是黑体。它没有反射,但是有吸收和发射。黑体辐射就是指理想黑体发出的电磁辐射。实验上经常用金属容器内的电磁波实现黑体辐射——容器只有一个小孔,光进入小孔,在容器内多次反射,几乎不可能逃逸出来(图8)。

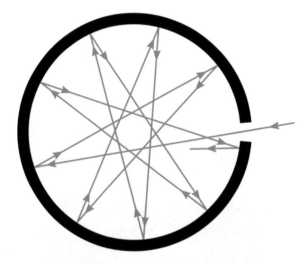

图8 黑体辐射实验示意图

在达到热平衡时,整个辐射有一个稳定的温度。1859年,海德堡大学的基尔霍夫(Gustav Kirchhoff,图9)指出,在黑体辐射中,不同频率的电磁波的能量密度只决定于温度和频率。但是,基尔霍夫没有确定这个依赖关系(后人称为基尔霍夫函数)究竟是什么,这是他给物理学家提出的挑战,成了物理学长期研究的课题[11]。

图9 基尔霍夫(1824—1887)

1913 年,爱因斯坦说:"如果能够称量物理学家在基尔霍夫函数的祭坛上所牺牲的脑物质,将会有启发性。这个残忍的牺牲还没有看到尽头!"[11]

基尔霍夫在海德堡还开创了太阳光谱研究,并发现了钠的吸收线。而他关于电路的两个定律,则是早期在柯尼斯堡大学的博士论文工作。

基尔霍夫后来成为柏林大学的第一位理论物理教授。普朗克就是他在这里的学生。1887 年,基尔霍夫去世。两年后,普朗克回到这里继任这个教授职位。

2. 黑体辐射在柏林

普朗克有一位年轻几岁的实验同事——维恩(Wilhelm Wien,图 10)。维恩于 1896 年给出了一个辐射定律,描写短波长的情况,包含一个指数函数。这就是维恩定律。而普朗克不满足于经验规律,用热力学第二定律对此做了论证,所以当时维恩定律还被称作维恩-普朗克定律①。后来维恩因此贡献获得 1911 年诺贝尔物理学奖。

图 10   维恩(1864—1928)

当时,关于黑体辐射,最先进的实验也正是在柏林。帝国技术物理研究所的两个组测量到低频(即长波长)的数据,都发现了对维恩定律的偏离。卢默(Otto Lummer)和普林斯海姆(Ernst Pringsheim)测量的波长达到 12—18 微米。而鲁本斯(Heinrich Rubens)和库尔鲍姆(Ferdinand Kurlbaum)测量的波长更长,达到 30—60 微米。后者的方法是用石英灯材料反射辐射,从而消除短波长成分,留下长波长成分[11]。卢默和普

---

① 参见普朗克诺贝尔奖获奖报告。

林斯海姆于 1900 年 2 月得到结果,鲁本斯和库尔鲍姆于 1900 年 10 月得到结果。

3. 普朗克定律的诞生

1900 年 10 月 7 日,鲁本斯夫妇拜访普朗克夫妇。鲁本斯(图 11)告诉普朗克,他发现,当频率低(即波长长)时,辐射的能量密度正比于温度。当晚,普朗克通过数学技巧,以适合长波长的公式和维恩定律的短波长公式作为两个极限,凑出了一个适合各种频率的公式。也就是说,普朗克推广了适用于高频率电磁波的维恩定律,以符合最新的低频率的实验数据。普朗克用明信片将结果告诉鲁本斯[11]。

图 11 鲁本斯(1865—1922)

从此,这个结论被称作普朗克定律。普朗克的名字也从维恩-普朗克定律中舍去了。普朗克定律可以从高频的维恩定律过渡到低频的与温度的正比关系。

10 月 19 日的会议上,鲁本斯报告了他们组最新的实验结果,然后普朗克宣布了他的新定律。他说:"因此请允许我提请你们注意这个新公式,我认为它是除了维恩的表达式之外,最简单的。"不过普朗克承认这是"偶然的猜测",说"从提出这个定律的那天开始,我就致力于给它赋予物理意义的任务"。普朗克投入了"他一生最艰苦的工作",最终"有点光照进黑暗"。

当然,普朗克定律的提出,也要归功于实验发现打下的基础。我们要感谢实验家的奠基工作。派斯(Abraham Pais)指出,这些实验的精度非常高,用以推算出的物理常数数值非常接近当代的数值[11]。

低频下的能量密度符合 1900 年 6 月瑞利提出的公式(他 1905 年才计算出其中的系数,金斯指出少了个"8",从此有瑞利-金斯定律之说。同时爱因斯坦也给出了这个公式,所以派斯认为应该叫瑞利-爱因斯坦-金斯定律)。

1900 年 4 月,开尔文指出"热和光的动力学理论的两朵 19 世纪乌云(Nineteenth-Century Clouds Over the Dynamical Theory of Heat and Light)",其中之一是迈克耳孙-莫雷实验没有测量到以太的漂移,另一朵乌云是指固体比热的实验结果与能量均分定理的矛盾。这预期了不久之后相对论和量子论的成功。第一朵乌云被爱因斯坦的狭义相对论驱散,第二朵乌云因为爱因斯坦将量子论用于计算固体比热而驱散。

1900 年,黑体辐射问题还在揭示之中,也许还没有引起开尔文足够的关注。但是黑体辐射问题其实与固体比热问题非常类似,也是能量均分定理的失败。幸运地,普朗克之所以推导出普朗克定律,正是因为他用玻尔兹曼的统计理论计算了熵,而没有直接计算平均能量,没有使用能量均分定理。他基于量子假说的推导正是对能量均分定理的否决。如果他直接计算平均能量,就会掉入能量均分定理的坑,就会得到瑞利定律。而爱因斯坦解决固体比热问题的基础是振动量子化,这也正是量子论的最初起源,是普朗克解决黑体辐射问题的基础。

4. 普朗克对普朗克定律的推导

普朗克猜出普朗克定律的 8 个星期后,12 月 14 日,在德国物理学会的又一次学术报告会上,他给出了理论推导。正如他在其后发表的论文中指出的:"我们考虑(这是整个计算中最本质的一点)能量 E 由确定数目的单元组成,决定了常数 $h = 6.55 \times 10^{-27}$ 尔格·秒。这个常数乘以频率 ν……给出能量单元 ε。"[12]

在普朗克的理论推导中,他先考虑一个带电粒子在电场驱动下,做一维振动,成为一个振子。充满黑体辐射的容器可以看成由这些粒子组成。此前,普朗克并未接受原子论,当时人们对于物质结构也所知有限。我们可以将普朗克的振子当作带电的原子或者分子。

对于共同处于热平衡的电磁场与振子,普朗克得到,每个频率的电磁波的能量密度等于带电振子在此频率下的平均振动能量乘以一个与频率有关的因子(正是我们今天所知的电磁波在单位体积的态密度,等于 8π 乘以频率的平方除以光速的立方)。到这一步,与他以前对维恩定律的推导相同。以前,他基于一个不正确的论证,给出了维恩定律。

这次,普朗克将逻辑关系反过来,将猜出的、与实验完全一致的普朗克定律作为电磁波能量密度,带入带电振子的振动能量的关系式,算出振子的熵。

后面是魔术般的操作,目的是用玻尔兹曼的统计方法,即将微观状态数 W 取对数,

乘以玻尔兹曼常数 k（也就是后来刻在玻尔兹曼墓碑上的公式 $S = k \ln W$，图 12，其实这个公式的这个形式正是普朗克最早写下来的，因为他定义了玻尔兹曼常数 k，玻尔兹曼本人以及 1905 年的爱因斯坦都是用 R/N，即气体常数 R 除以阿伏伽德罗常数 N）复现这个熵。他考虑 n 个振子，总能量是某个基本单元 ε 的整数 p 倍。对于 p 份 ε 在 n 个振子中的分配，配分数给出不同微观状态的数目，从而给出熵，与普朗克定律给出的熵一致。

图 12　墓碑上方刻有玻尔兹曼公式

这个基本单元 ε 就是能量量子，等于 $h\nu$，其中 ν 是电磁波的频率，h 是个常数，后来称作普朗克常数。就这样，为了能给出从实验总结出的普朗克定律，普朗克不得不提出了能量量子化。

普朗克的"魔术"表现在两个方面。先假设基本能量单元的存在，又对于多个能量单元在多个振子间的分配，假设振子之间以及能量单元之间的不可区分。有人依据普朗克后来的一篇文章，认为这受到玻尔兹曼一篇文章中的一个公式的启发[11]。今天看来，普朗克写下的微观状态数是 24 年后爱因斯坦给出的玻色-爱因斯坦统计。当然，普朗克没有意识到这一点。他只是为了得到普朗克定律，在做绝望的尝试。文章上的理由只是："经验将证明这个假设是否在自然中实现。"

1931 年,普朗克也说他上面的推导是"一个绝望的举动……我将量子假设当作纯粹的形式假定,没有多想其他的,只是想着:我必须得到正面的结果,不管是什么情况、付出什么代价"[11]。

时势造英雄,得到与实验一致的理论结果这个目标,驱动这位生性偏保守的科学家迈出了量子革命的第一步。

普朗克的"挣扎"充分表现了理论物理学家面对新现象的工作和思维方式。先是猜出答案,然后再设法推导。找到一个能够导出结果的前提假设,就将那个假设作为背后的物理提出来。虽然从严格的逻辑关系上,这只是一个充分条件,但是在物理学研究中,经常将充分条件假设为必要条件,暂且将此当作正确的,直到下一个实验证实或者证伪。如果证伪,就会对理论进行修改或者提出新的理论。物理学,或者说各类科学,不是逻辑推导出的,最重要的正是在于缺少逻辑演绎的跳跃阶段。这也是为什么在科学研究中归纳法很重要,物理学不是数学。

普朗克天才地打开了量子世界的潘多拉盒子,虽然他并不确定大自然真的是量子化的。他在文章中说,如果总能量除以能量量子不是整数,我们就取最靠近的整数。

物理学家们也没有立即消化。量子化的更深刻含义要等到 5 年后由一位专利局职员揭示。他叫阿尔伯特·爱因斯坦,他接过了量子化的火炬[12]。普朗克的文章一发表,爱因斯坦就认真研究。爱因斯坦已关注黑体辐射多年。他读大学时的老师韦伯就是黑体辐射专家,曾经在课上介绍过黑体辐射(虽然韦伯不喜欢爱因斯坦)。

5. 普朗克与爱因斯坦

与普朗克一样,爱因斯坦也将玻尔兹曼的统计理论作为工具。但是不一样的是,爱因斯坦勇敢地将它用于电磁场,事实上他是第一个将统计理论用于电磁场的人。结果,爱因斯坦发现了电磁场本身的量子化,这就是他的光量子假说。关于爱因斯坦的光量子假说与普朗克的量子假说的关系和不同,可参见本文附录(摘录自文献[13])。

人们谈论普朗克的量子假说时,经常混入爱因斯坦的光量子假说。比如,诺贝尔奖委员会说:"马克斯·普朗克 1900 年解决了这个问题,他引入了'量子'的理论,即辐射包含特定能量的量子,其能量由后来被称作普朗克常数的基本常数决定。"

还有一种非常普遍的说法,被很多教科书采纳,认为普朗克提出振子发射或吸收的电磁波是量子化的。比如诺贝尔奖委员会说:"普朗克给出能量和辐射频率的关系。在1900 年发表的一篇论文中,他宣布了他对此关系的推导,该推导基于一个革命性的想法,即振子发射的能量只能取分立值或者量子。"

这个说法不算错,但是普朗克自己当初没有明确地这么说。这其实是爱因斯坦1906 年对普朗克工作的解读。爱因斯坦说:"我们必须将如下的命题视作普朗克辐射理论的基础:基本振子的能量只能取$(R/N)\beta\nu$的整数倍;通过辐射和吸收,振子的能量改变是$(R/N)\beta\nu$的整数倍。"爱因斯坦的符号R/N是k,β是h/k。

普朗克的量子工作启发了爱因斯坦的光量子工作。1929年,爱因斯坦说普朗克"29年前非常新奇地用玻尔兹曼的统计方法所做的辐射公式的天才推导启发了我"[11]。

1948年,普朗克去世后,爱因斯坦对普朗克辐射定律给予了高度评价[14]。可提炼如下:"普朗克的辐射定律首次准确确定了原子的大小,而且表明除了物质的原子结构,还存在能量的原子结构,能量的原子结构由普朗克常数主宰。这一发现成为整个20世纪物理学的基础(爱因斯坦原文如此,我觉得省去'整个'为妥),带来新的目标——发现新的概念基础。"

6. 普朗克的诺贝尔奖

普朗克对基本常数很痴迷。普朗克定律中有两个基本常数,玻尔兹曼常数k和普朗克常数h,这也让普朗克很激动。普朗克发现了普朗克常数,也将玻尔兹曼常数"提升"为基本常数。后来,普朗克还用普朗克常数、光速、万有引力常数定义普朗克时间和普朗克长度,代表引力和量子效应都起作用的尺度。

普朗克用普朗克定律确定了k,从而给出阿伏伽德罗常数,再借用电化学给出的质子质量,算出了质子电荷。他给出的阿伏伽德罗常数和质子电荷与现代数值的差别都不到2.5%。相比之下,汤姆孙给出的电子电荷与现代数值差35%。

这一切让因电化学的工作获得1903年诺贝尔化学奖的阿伦尼乌斯(Svante Arrhenius)印象深刻[15]。他是诺贝尔物理学奖委员会成员,对化学奖也有影响力。他决定用1908年的这两个奖项宣告原子论的胜利,将化学奖授予原子核的发现者卢瑟福,物理学奖授予普朗克。正好卢瑟福当时用α粒子实验测量了质子电荷,与普朗克的结果符合得很好。

化学奖委员会很快通过了授予卢瑟福的决定。在物理学奖方面,有瑞典数学家弗雷德霍姆(Ivar Fredholm)提名普朗克和维恩分享,而委员会成员埃斯特朗(Knut Angström)希望有实验家分享,但是相关的实验家当年都没有被提名。所以,物理学奖委员会通过了授予普朗克的决定。

但是消息走漏,传遍了学界。普朗克自己得知了消息,当时最权威的理论物理学家洛伦兹也得知了消息。洛伦兹也曾经试图推导普朗克定律,但是不论他怎么努力,只能得到瑞利-金斯定律。因此他在4月份于罗马召开的国际数学家大会上说,根据金斯理论,实验说明黑体对于短波长并不黑,有待新的实验。这导致包括卢默、普林斯海姆以及维恩的讽刺式批评。结果,洛伦兹很快改变了态度,给维恩写信说,根据瑞利-金斯理论,能量与温度成正比,因此可以推出荒谬结论:温度降到室温时,金属仍然有白光辐射。然后又说,非常欣赏普朗克理论的勇敢和成功。但是这封补救的信的影响无法与公开反对的影响相比。

瑞典数学家米塔-列夫勒(Gosta Mittag-Leffler)在瑞典科学院影响很大。他与以庞加莱为首的法国数学界过从甚密。米塔-列夫勒借洛伦兹对普朗克工作的公开批评,希望将物理奖授予第二位候选人——彩色照相术发明者、法国的李普曼(Gabrial Lippmann)。他联系当初提名维恩和普朗克共同得奖的弗雷德霍姆,弗雷德霍姆回信批评物理奖委员会的决定,说普朗克的推导基础能量量子假说是个全新的假设,几乎不能说合理。

诺贝尔奖最后要经过瑞典科学院的大会投票。所以小概率事件发生了,大会改变了专业委员会的建议。当年的诺贝尔物理学奖授予了李普曼。

查阅诺贝尔奖资料。1916年,除了文学奖,诺贝尔奖都空白。1917年,三个自然科学奖都空白,其中只有物理学奖于次年补授予卢瑟福提名的巴克拉(Charles G. Barkla),化学奖和生理学或医学奖没有补授。1918年当年,所有的诺贝尔奖都空白,但是次年,经爱因斯坦提名,诺贝尔奖委员会决定补授予普朗克1918年诺贝尔物理学奖,"奖励他因为发现能量量子而对物理学进步的贡献",而1918年化学奖补授予哈伯(因氨的合成),其他奖项没有补授。

1920年,普朗克做了诺贝尔演讲《量子理论的起源和发展》(*The Genesis and Present State of Development of the Quantum Theory*)。在此诺贝尔演讲中,普朗克在介绍量子概念所导致的进展时指出,第一个进展来自爱因斯坦,他用量子概念解释了斯托克斯规则、电子发射、气体电离,还提到爱因斯坦将量子化的振动用于固体比热。斯托克斯规则、电子发射、气体电离都是爱因斯坦光量子论文中的内容,然而普朗克在这里并没有直接提光量子。但是在后文中,普朗克说道,光导致的电子发射"与爱因斯坦提出的光量子的关系,被证明在每个方向上都是成功的,正如密立根通过测量电子发射速度而特别证明的,而瓦伯格(E. Warburg)揭示了光量子在光化学反应中的重要性"。

普朗克成为德国科学的中心人物。1948年,各个凯撒·威廉研究所和它们组成的学会重新以马克斯·普朗克命名。

附录:从普朗克到爱因斯坦和玻尔[①]

1900年10月7日,为了结合黑体辐射高频率和低频率的实验数据,普朗克写下他著名的黑体辐射能量密度公式。这是量子论的最开端。其后几个月,普朗克给出了这个公式的理论推导,从而发现了量子。他提出,发出电磁辐射的振子的能量必须是某个基本单位的整数倍,这个基本单位是频率乘以一个常数,即后来所谓的普朗克常数。

---

① 摘录自文献[13]。

1905 年,爱因斯坦奇迹年。这一年他的第一篇论文《关于光的产生与转换的一个启发性观点》(*On a heuristic point of view concerning the generation and conversion of light*)是唯一被爱因斯坦自己称为具有革命性的文章。在这篇文章中,他提出光量子(1926 年后被称为光子)假说,即辐射本身是量子化的!作为推论,他提出光的产生也是量子化的。爱因斯坦还讨论了这个推论的应用。其中之一就是为他赢得 1921 年诺贝尔物理学奖的光电效应。值得注意的是,光电效应中的电子出射能量与入射光频率的定量关系是爱因斯坦给出的预言,10 年后才被密立根验证。

在这篇文章,爱因斯坦还讨论了光致发光,用能量守恒解释了斯托克斯定律,即入射光的频率不小于出射光的频率。光致发光分为荧光和磷光:前者符合量子力学选择定则,所以立即发生;后者如果直接发生,则违背量子力学选择定则,所以需要复杂的中间过程,从而时间尺度长。

1906 年,爱因斯坦指出普朗克公式要成立,必须假设振子发射电磁波是量子化的。后来人们用此思想理解普朗克黑体辐射定律。这个假设并不是光量子假说的全部内容(即电磁场本身的量子化)。

1913 年,玻尔提出他的原子模型,指出原子核外的电子只能处于分立的轨道,而电子在不同轨道之间跃迁时的能量差与光辐射或光吸收相互转化,光的能量即为普朗克常数乘以频率。这里没有用到自由电磁场的光量子假说,但用到了爱因斯坦对普朗克定律的重新解释,而且假设单个电子与单个光量子发生能量转移。而这种假设始于爱因斯坦对光电效应的讨论。

1916—1917 年,爱因斯坦发表他的辐射理论。他考虑电子在两个能级之间跃迁导致的自发辐射、受激辐射和吸收,通过平衡关系得到普朗克公式,还讨论了动量转移。

普朗克因为"能量量子的发现"获 1918 年诺贝尔物理学奖(1919 年决定授予,1920 年实际授予)。爱因斯坦因为"光电效应定律的发现"获 1921 年诺贝尔物理学奖(1922 年授予),诺贝尔奖颁奖词中也提到光致发光和荧光,但未提光量子假说本身。玻尔因为"原子结构及其辐射的研究"获 1922 年诺贝尔物理学奖。

普朗克和玻尔,乃至验证了爱因斯坦光电效应关系式的密立根,都迟迟不能接受爱因斯坦光子说。1913 年普朗克、能斯特、鲁本斯、瓦博格在提名爱因斯坦为普鲁士科学院院士的推荐信中,还将光量子理论作为爱因斯坦"在猜想中错过目标"的负面例子。但从普朗克 1920 年所作的诺贝尔演讲来看,他那时已经接受了爱因斯坦光子说。而玻尔直到 1925 年康普顿效应中的能量动量守恒被证实后,才接受光子说。这已经是量子力学新时期开始的那一年。

三、量子纠缠概念的起源:谁是量子纠缠研究的最大功臣?

1922年,爱因斯坦在上海收到通知——他获得了1921年的诺贝尔物理学奖(1921年曾空缺)[1]。诺贝尔奖的颁奖词是:"奖励他对理论物理的工作贡献,特别是他做出的光电效应定律的发现。"作为光量子假说的应用,光电效应定律是他1905年光量子论文[5]的一部分。爱因斯坦说过:"我思考量子问题的时间是相对论的一百倍。"[11]量子纠缠研究也是由爱因斯坦开创的,那是在1935年[16]。

1. 量子力学、量子态和光子偏振

量子纠缠是量子力学中的一个概念。量子力学是电子、光子、原子核等微观粒子所服从的基本物理规律。而我们日常生活中肉眼可见的经典粒子服从经典物理。

量子力学起源于上世纪初。自20世纪20年代以来,量子力学成为整个微观物理学的基本理论框架,并且取得了巨大的成功。在量子力学之前已经建立的物理学框架则被称作经典物理。量子力学的数学工具并不比经典物理的更复杂,但是量子力学的概念框架却与之截然不同。玻尔说:"没被量子理论震撼,你就没懂它。"在人类思想史上,量子力学改变了实在论,是最重大的革命之一。

量子力学的中心概念是量子态[17]。顾名思义,"量子态"即"量子状态"。量子态并不是像质量、速度那样的物理量,而是一个类似概率的描述——从它可以计算出概率分布,但是又比概率的信息更多。当测量量子系统的某个属性时,量子态就以一定的概率(原来的量子态决定这个概率大小)随机变为明确具有这个属性的量子态之一。所以量子态包含了各种可能性。

比如,量子粒子在空间中的运动由一个量子态描述。粒子可以确定处于一个位置,也就是说,它的空间量子态代表它处于某个确定位置,叫作位置本征态。但是一般来说,描述空间运动的量子态是不同的位置本征态的叠加。也就是说,测量它的位置时,有一定的概率得到各种位置,从而量子态塌缩为相应的位置本征态。这个概率等于"位置波函数"大小的平方。

用数学符号表示,空间量子态可以写成 $|\Psi\rangle = \int \Psi(x)|x\rangle\mathrm{d}x$,其中$|x\rangle$是位置本征态,对$x$积分代表位置本征态的叠加,是位置波函数,$|\Psi(x)|^2$是测量位置得到$x$的概率。

量子粒子也可以具有确定的动量,这时的量子态是动量本征态。一般情况下,描述空间运动的量子态,同一个$|\Psi\rangle$,也可以看成不同的动量本征态的叠加。因此,测量动量

时,有一定的概率得到各种动量,从而量子态塌缩为相应的动量本征态。这个概率等于"动量波函数"大小的平方。

用数学符号表示,$|\Psi\rangle = \int \Psi(x)|x\rangle\mathrm{d}x\int \varphi(p)|p\rangle\mathrm{d}p$,其中$|p\rangle$是动量本征态,对 p 积分代表动量本征态的叠加,$\varphi(p)$是动量波函数,$|\varphi(p)|^2$是测量动量得到 p 的概率。

用来叠加出原来量子态$|\Psi\rangle$的一套量子态叫作基矢态,统称基。采取测量哪个物理量(位置或动量)的测量方式,测量之后就得到哪个物理量的某个本征态。

再比如,光本质上是电磁波,有个内部性质叫偏振,是电场方向,总位于与光的传播方向垂直的平面上(图13)。电场沿着偏振方向振动,振动的快慢就是光的频率。麦克斯韦告诉我们,有振荡电场,就有形影不离的振荡磁场,与传播方向和电场都垂直,磁场最大值等于电场最大值(高斯单位制)或再除以光速(国际单位制)。太阳光是各种偏振光的混合,偏振太阳镜只允许太阳光中偏振方向与镜片透光轴一致的线偏振光通过。

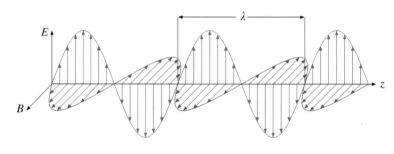

图 13　光的偏振

偏振方向可以用沿着这个方向的单位长度的箭头来代表。因为偏振方向总是垂直于传播方向,我们总可以在垂直于传播方向的平面上,设置一个直角坐标系,偏振箭头的起点位于原点,末端的横坐标和纵坐标就代表了偏振方向。

光是由光量子组成的(这是爱因斯坦于1905年提出的,如上所述,他的诺奖工作就是这个假说的应用),光量子后来也称为光子。作为一种量子粒子,每个光子有一个内部状态,叫作偏振量子态,与宏观的光偏振箭头是一一对应的。

任意两个互相正交的方向(比如沿着两个位置轴)所对应的线偏振量子态也是互相正交的,由它们可以叠加成任何偏振量子态。

当一个光子到达一个透光方向沿着某方向的偏振片,光子要么完全穿透,要么完全不能穿透,而且是随机的。穿透的概率就是它原来的偏振量子态在透光方向的分量大小(类似于坐标)的平方,穿透后,光子偏振量子态就"塌缩"成沿着透光方向的态;如果光子没有穿透,那么偏振量子态就"塌缩"成垂直于偏振片透光方向的态,被吸收。两者的概率之和是1。当然,光子原来的偏振方向也可能正好沿着偏振片透光方向,在此特殊情况下,偏振量子态不发生变化。

偏振分束器(polarizing beam splitter,PBS)不存在偏振片里的吸收光子问题。它利用双折射效应,将入射偏振态分解为互相正交的两个线偏振态,而且分别沿互相垂直的两个方向出射。将一个双折射立方体晶体沿着对角面切开,得到半立方体,再将两个这样的半立方体拼回立方体(接触面涂上合适的介电涂层),得到偏振分束器(图 14)。光垂直入射后,分成正常光和反常光。正常光偏振垂直于晶体光轴方向(当然也垂直于光传播方向),穿透对角面,再沿原来的传播方向离开偏振分束器。反常光偏振方向垂直于正常光的偏振方向(当然也垂直于自己的传播方向),在对角面反射,所以垂直于原来方向离开偏振分束器。

单个光子垂直进入偏振分束器后,随机地从两个可能的出口出来:如果是沿着原来的运动方向,那么偏振方向垂直于原来的运动方向,而且平行于两个拼接的半立方体的接触面;如果垂直于原来的运动方向,那么偏振方向就沿着原来的运动方向。

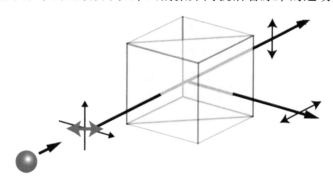

图 14 偏振分束器

我们可以以水平和竖直方向的偏振态 $|\rightarrow\rangle$ 和 $|\uparrow\rangle$ 作为基矢态;也可以以 45 度和 135 度方向的偏振态 $|\nearrow\rangle$ 和 $|\nwarrow\rangle$ 作为基矢态,即 $|\theta\rangle = \cos\theta|\rightarrow\rangle + \sin\theta|\uparrow\rangle = \cos\theta'|\nearrow\rangle + \sin\theta'|\nwarrow\rangle$ 其中 θ 是相对于水平方向的角度,θ' 是相对于 45 度方向的角度。我们也可以以圆偏振态 $|\pm\rangle$ 作为基矢态。相对于运动方向,$|+\rangle$ 是右旋,$|-\rangle$ 是左旋,或者说,它们的螺旋度分别是 1 和 -1。可以得到 $|\pm\rangle = \dfrac{1}{\sqrt{2}}(|\rightarrow\rangle \pm i|\uparrow\rangle)$。

刚才说过,光子偏振态与宏观电场的偏振是一一对应的。大量处于同样偏振态的光子到达偏振片后,它们当中穿透偏振片的比例就是单个光子穿透的概率。所以宏观电场到达偏振片后,它沿着透光方向穿透过去,透射电场大小的平方与入射电场大小的平方的比值(即两者的能量之比),就是上面式子中的正弦或余弦的平方,也就是单个光子穿透的概率。

2. 爱因斯坦-波多尔斯基-罗森疑难

量子纠缠是复合系统的量子态的一种性质。所谓复合系统,是指由若干子系统构成的系统。如果至少有一个子系统没有独立量子态(这里所谓的独立量子态指量子纯态,量子纯态的意思是说,它不包含经典概率意义上的混合),那么就说这个子系统与其他子系统之间存在量子纠缠。也就是说,量子纠缠是由两个或两个以上子系统构成的整体的量子态性质,这个量子态叫作量子纠缠态。在数学和量子理论形式上,量子纠缠的概念很清楚。事实上,绝大多数量子态都是纠缠的。最早对量子纠缠的研究是 1935 年 5 月爱因斯坦以及两位年轻同事波多尔斯基(Boris Podolsky)和罗森(Nathan Rosen)所作的讨论[5]。他们没有使用"量子纠缠"这个名词,但是发现了量子纠缠是一个有特别含义的性质。事实上,量子纠缠也被称为爱因斯坦-波多尔斯基-罗森(EPR)关联(图 15)。

EINSTEIN ATTACKS QUANTUM THEORY

Scientist and Two Colleagues Find It Is Not 'Complete' Even Though 'Correct.'

SEE FULLER ONE POSSIBLE

Believe a Whole Description of 'the Physical Reality' Can Be Provided Eventually.

图 15　1935 年 5 月 4 日《纽约时报》关于 EPR 论文的报道:爱因斯坦攻击量子理论,他和两位同事发现量子理论即使"正确",也是"不完备的"

爱因斯坦是量子力学的先驱。但是他对量子力学的概率性框架不满意,提出过很多质疑。逐渐地,他的质疑聚焦于量子力学的完备性,也就是说,他认为,客观实在的某些元素可能在量子力学中没有描述。而他的理论武器就是量子纠缠。EPR 考虑一对粒子从同一源出发,向相反方向运动,保持总动量为 0,离源距离相同,也就是位移相反。这里我给出一个简化形式,将源的位置定为 0,将两个粒子的量子态表示为

$$|\Psi\rangle = \frac{1}{L}\int |x\rangle |-x\rangle \mathrm{d}x$$

其中,L 代表某个空间范围 $|x\rangle$ 和 $|-x\rangle$ 分别是第一个和第二个粒子的位置本征态。这对粒子的动量和位置有很多可能性,测量第一个粒子,等概率随机得到一个 x 值,可以立即预测第二个粒子的位置这时肯定是 $-x$。而这个量子态 $|\Psi\rangle$ 也可以写成

$$|\Psi\rangle = \frac{1}{h}\int |p\rangle |-p\rangle \mathrm{d}p$$

其中 h 是普朗克常数。因此如果测量第一个粒子的动量得到一个 p 值,那么就可以立即预测第二个粒子的动量肯定是 $-p$。EPR 说,离开源后,这两个粒子再也没有相互作用,因此对第一个粒子的测量不可能改变第二个粒子。因此上面的论证说明,第二个粒子在不被干扰的情况下,位置和动量都可以确定地预测,因此它们都是第二个粒子的固有属性,都是客观实在的元素。以上论证基于假设量子力学的描述是完备的,推导出位置和动量同时是客观实在的元素。但是量子力学中,位置和动量算符不对易,不可能同时有明确的值,所以不可能都是客观实在的元素。因此有矛盾。据此,EPR 认为量子力学不完备。EPR 也预见到一种反对意见,就是有人可能提出,两个或多个物理量只有可以同时测量或预测时,才能说它们同时是客观实在元素,而位置和动量不是同时测量的。这个情况现在称为反事实的(counterfactual)。但是 EPR 认为这不合理。EPR 论文的标题是"物理实在的量子力学描述能被认为是完备的吗?",摘要是:"在一个完备的理论中,对应于每个客观实在的元素,都有一个理论元素。物理量实在性的一个充分条件是在系统不受扰动的情况下,这个物理量能被确定预言。量子力学中,对于由非对易算符描写的两个物理量的情况,一个物理量的知识排斥另一个。所以要么(1)量子力学中的波函数所给出的实在的描述是不完备的,要么(2)这两个物理量不能同时具有实在性。考虑基于对某个系统的测量,对曾经与之作用过的另一个系统做出确定预言,导致的结果是,如果(1)是错的,那么(2)也是错的。因此结论是,波函数对实在的描述是不完备的。"

需要注意的是,测量第一个粒子后,只有测量者可以对第二个粒子做出预言。控制第二个粒子的人是不知道的,除非第一个粒子的测量者将信息传递给他,而这个信息传递是受到相对论等物理定律的制约的。这一点在量子信息中尤为重要。

3. 薛定谔、玻尔和玻姆

EPR 的工作引起薛定谔的巨大兴趣,他与爱因斯坦有多次书信讨论,并于当年发表了几篇论文。其中一篇是《关于分离系统的概率关系的讨论》[18],里面写道:

"对于两个系统,我们通过它们各自的表示,知道它们的状态。当它们进入由它们之间已知力所导致的暂时的物理相互作用,经过一段时间相互影响之后,两个系统再分离,那么它们再也不能按照以前的方式,用各自的表示来描述。我不将此情况称作量子力学的一个特征,而称作特征(没有之一),它导致与经典思路的完全背离。通过相互作用,这两个表示(或者 ψ 函数)纠缠起来。"

薛定谔在另一篇文章里还讨论了后来变得很著名的"薛定谔猫"佯谬,基于原子核衰变与否与猫的死活之间的量子纠缠[19]。

同年 10 月,玻尔用他的互补原理也对 EPR 做了回应[20]。互补原理是说,测量两个不对易的物理量,需要不同的测量仪器。玻尔认为:因为物体与测量仪器的相互作用,物体对测量仪器的反作用无法控制,经典因果律要抛弃;而对于 EPR 讨论的情况,不确定性关系和互补原理依然适用,互补原理使得量子力学描述满足所有合理的完备性要求。玻尔特别指出,EPR 的客观实在判据中,"对系统没有扰动"一说含义模糊。他说,虽然对一个粒子的测量对于另一个粒子没有力学相互作用,但还是对相应物理量赖以定义的情况有本质的影响。

可见,爱因斯坦试图做更深层次的讨论,揭示了量子纠缠与定域实在论(即定域性和实在论共同成立)的冲突。定域性是指,如果两个事件的空间距离大于光速乘以时间间隔,即所谓类空间隔,那么这两个事件不可能有因果关联,这是狭义相对论的要求。实在性是指,观测量在被观测之前就已经确定了,与测量无关。EPR 提出,基于对第一个粒子的测量,对第二个粒子没有扰动而确定预言的物理量是一个客观实在的元素。这与量子力学冲突。

所以量子纠缠的研究应该溯源归功于爱因斯坦。虽然后来实验否定了定域实在论,但是爱因斯坦开辟了这个领域。量子纠缠研究的最大功臣就是爱因斯坦,正如他在别处所说的,提出问题往往比解决问题更重要。玻尔坚持,量子力学就是理论的一切,认为客观实在就是这样,而无视定域性和实在性的概念。他的意思是,测量第一个粒子时,虽然对第二个粒子没有物理作用,但是第二个粒子依然受到影响。这只是复述量子力学的规则,没有回答 EPR 的质疑。很多物理学家根据玻尔的结论,以为问题已经解决,而不去深究里面的细节。爱因斯坦等人讨论的位置或动量是连续变量。1951 年,玻姆(David Bohm)首次使用更为简单的两个自旋的量子态来讨论这些问题[21],如 $|\Psi_{\pm}\rangle =$

$\frac{1}{\sqrt{2}}(|\uparrow\rangle|\downarrow\rangle\pm|\downarrow\rangle|\uparrow\rangle)$。今天人们将这两个纠缠态与另外两个纠缠态$|\varphi_\pm\rangle=$

$\frac{1}{\sqrt{2}}(|\uparrow\rangle|\uparrow\rangle\pm|\downarrow\rangle|\downarrow\rangle)$统称为贝尔态。这 4 个态组成一组基,叫贝尔基,在贝尔基上

的测量叫作贝尔测量。

4. 偏振版本的 EPR 推理

自旋$\frac{1}{2}$的量子态类似于光子偏振态,但是因为自旋量子数是$\frac{1}{2}$,$|\uparrow\rangle$与$|\downarrow\rangle$正交,构

成一组基。而对于光子偏振,$|\leftarrow\rangle=-|\rightarrow\rangle$,物理上只是相差一个相位的同一个量子态,

$|\rightarrow\rangle$与$|\uparrow\rangle$才组成一组基。对于光子偏振态,考虑一个纠缠态例子:

$$\frac{1}{\sqrt{2}}(|\rightarrow\rangle|\rightarrow\rangle-|\downarrow\rangle|\downarrow\rangle)=-\frac{1}{\sqrt{2}}(|\nearrow\rangle|\nwarrow\rangle+|\nwarrow\rangle|\nearrow\rangle)$$

$$=\frac{1}{\sqrt{2}}(|+\rangle|+\rangle+|-\rangle|-\rangle)$$

这三种表达方式使用了不同的基,但是它们都是同一个纠缠态。如果测量第一个光子偏振,看它是水平$|\rightarrow\rangle$还是竖直$|\uparrow\rangle$,那么结果当然就是这二者之一。如果第一个光子偏振被测到是水平的,就可以预言第二个光子的偏振量子态也塌缩为水平的;如果第一个光子偏振被测到是竖直,就可以预言第二个光子的偏振量子态也塌缩为竖直。如果测量第一个光子是$|\nearrow\rangle$或是$|\nwarrow\rangle$,或者测量是$|+\rangle$或是$|-\rangle$,情况也类似。偏振是内部性质,与空间距离无关。所以两个纠缠的光子可能是相距很远的。但是相距很远意味着在分开的过程中,更容易受到外界扰动,所以纠缠也更容易受到破坏。我们再用这个纠缠态,给出 EPR 论证的偏振版本。测量第一个光子的偏振是水平还是竖直的,如果测到是水平(竖直)的,可以明确(100%概率)预言另一个光子的偏振也是水平(竖直)的。因为两个光子相距类空距离(没有物理信号传递),参照 EPR 的论证,对一个光子的测量不会影响到第二个光子。因此第二个光子的水平-竖直偏振性质是一个客观实在元素(事先就确定了)。由类似的论证可知,第二个光子的 45 度－135 度偏振性质也是一个客观实在元素。而在量子力学中,光子偏振量子态是水平或竖直的时,测量到 45 度或135 度都有可能,反过来也如此(也就是,相应的算符不对易,不能同时有确定的值)。因此水平-竖直和 45 度-135 度这两对性质不能同时是客观实在元素。所以按照 EPR 的思想,定域实在论与量子力学完备性矛盾。EPR 认为定域实在论是无可动摇的,所以量子力学是不完备的。

5. 吴健雄

1957 年,玻姆和阿哈罗诺夫(Yakir Aharonov)指出[22],1950 年吴健雄和萨克诺夫(Irving Shaknov)[23]实现了光子偏振关联(玻姆-阿哈罗诺夫并没有用"纠缠"一词)。吴健雄和萨克诺夫测量正负电子湮灭产生的光子对的康普顿散射,准确验证了量子电动力学。正负电子湮灭产生 2 个光子,偏振总是正交,分别被电子散射。对于不同散射角,测量这 2 个光子运动方向垂直和平行两种情况下"符合概率"的非对称性,也就是这两种情况的概率的差别。吴健雄与萨克诺夫的 γ 探测器敏感度是前人的 10 倍,测到非对称性是 2.04∓0.08,非常符合理论值 2.00。玻姆-阿哈罗诺夫也从理论上证明,非纠缠态不能给出吴健雄和萨克诺夫的实验结果。虽然吴健雄和萨克诺夫的关注点不在于量子纠缠,事实是,他们第一次在实验上实现了明确的、空间分离的量子纠缠态。他们实现的是光子偏振纠缠态,用我们今天的表达式,就是 $\frac{1}{\sqrt{2}}(|\rightarrow\rangle|\uparrow\rangle - |\uparrow\rangle|\rightarrow\rangle)$。

四、贝尔不等式的违反是如何确立的?

1. 局域实在论与贝尔不等式

爱因斯坦以及两位年轻同事波多尔斯基和罗森发现量子纠缠与局域实在论的冲突,认为量子力学不完备[16]。意思是,除了量子力学中的量子态之外,物理系统还存在额外的变量,可以刻画系统的准确状态。这些额外的变量叫作隐变量,它们代表了所谓的实在论。如果一个代替量子力学的理论包含隐变量,它就叫作隐变量理论。如果这个理论还满足局域性,就叫局域隐变量理论,或者局域实在论。

在 EPR 论文之前,1931 年,冯·诺伊曼(von Neumann)就在数学上证明过隐变量不存在[24]。在 EPR 论文之后,20 世纪 50、60 年代有一些关于隐变量理论的讨论,特别是玻姆的一系列工作。1964 年贝尔(John Bell)指出(论文于 1966 年发表),冯·诺伊曼的证明并不成立[25]。

1964 年,贝尔又提出,局域实在论与量子力学是矛盾的,他发表了一个不等式,是任何局域隐变量理论都应该满足的不等式[26]。后来所有这一类的不等式都叫贝尔不等式,是关于两个子系统的测量结果的关联的,每个子系统由一个局域的观察者对之进行测量。用局域隐变量理论计算各种测量结果的关联,其结果满足贝尔不等式,而在量子力学中,如果这两个子系统用某些量子纠缠态描述,那么根据量子力学计算的结果是违反贝尔不等式的。在这篇题为"论爱因斯坦-波多尔斯基-罗森佯谬"的论文中,贝尔用了

玻姆首创的形式,这一形式基于自旋 $\frac{1}{2}$ 语言,但是也适合其他类似的分立变量情况,如光子偏振。两个粒子的观测量 A 和 B,是自旋值除以恰当的系数,取值都是 1 或者 -1,依赖于隐变量与各自测量方向 a 和 b,因此 $A(a,\lambda)=\pm 1$, $B(b,\lambda)=\pm 1$。根据局域实在论,它们的关联是 $P(a,b)=\int \mathrm{d}\lambda \rho(\lambda)A(a,\lambda)B(b,\lambda)$。对于 A 和 B 严格关联 $A(a,\lambda)=-B(a,\lambda)$,贝尔证明了 $1+P(b,c)\geqslant|P(a,b)-P(a,c)|$,而对于自旋纠缠态 $\frac{1}{\sqrt{2}}(|\uparrow\downarrow\rangle-|\downarrow\uparrow\rangle)$,量子力学给出 $P(a,b)=-a\cdot b$,选择适当的 a、b、c,得到对不等式的违反。对于光子偏振的量子纠缠态 $\frac{1}{\sqrt{2}}(|\rightarrow\rangle|\uparrow\rangle-|\uparrow\rangle|\rightarrow\rangle)$,$P(a,b)=-\cos 2\theta$,其中 θ 是 a 和 b 的夹角。

量子力学基本问题曾被视为"只是哲学",贝尔不等式表明,这是有理论、有实验的物理,将原来带有形而上学味道的讨论转变为可以用实验定量决定的判定,将哲学问题转化为定量的科学问题。

检验大自然是否满足贝尔不等式的实验叫作贝尔测试。做贝尔测试需要使用分居两地又处于量子纠缠态的子系统,也需要迅速高效的探测,以及事先不可预测的对于每个测量装置的独立安排。所有关于贝尔不等式违反(或称贝尔定理)的工作都是在贝尔的开创性工作基础之上发展而来的。

实验判定量子力学胜利,局域实在论失败。但是长期以来,实验判定上存在逻辑漏洞或额外假设,直到近年来才基本消除。而贝尔不等式的提出和验证又与量子信息学的兴起密切相关,包括概念和实验技术。2022 年的诺贝尔物理学奖工作就是对这两方面的重大贡献。

2. Bell-CHSH 不等式与实验

(1) CHSH 不等式

贝尔不等式的最初形式所依赖的假设过于理想化,比如严格关联,无法在现实实验中核实,因此不适合真实的实验。1969 年,克劳泽(John Clauser)、霍恩(Michael Horne),西蒙尼(Abner Shimony)和霍尔特(Richard Holt)推广了贝尔的不等式,他们推广后的不等式通常称为 CHSH 或者 Bell-CHSH 不等式[27]。

Bell-CHSH 不等式更适合实际情况,可以在现实的实验中检验。

延续上面我们对贝尔不等式的讨论。考虑 $A(a,\lambda)[B(b,\lambda)+B(b',\lambda)]+A(a',\lambda)[B(b,\lambda)-B(b',\lambda)]$。它肯定等于 ± 2,因为 $B(b,\lambda)+B(b',\lambda)$ 与 $B(b,\lambda)-$

$B(b',\lambda)$ 中必然有一个等于 ± 2，一个等于 0。由此得到 $S = P(a,b) + P(a,b') + P(a',b) - P(a',b')$ 满足 $-2 \leqslant S \leqslant 2$，这就是 Bell-CHSH 不等式。而对于贝尔态，比如可以得到 $S = \pm 2\sqrt{2}$，违反 Bell-CHSH 不等式。

因此，只要有局域实在性，Bell-CHSH 不等式即可成立，而且可以在实验上检验。而量子力学违反它。所以，量子力学与局域实在论哪个正确，就看哪个与实验符合。

另外，1989 年，塞林格（Anton Zeilinger）曾经与格林伯格（Daniel Greenberg）和霍恩发现一种三粒子量子纠缠态具有特别的性质，不需要统计平均，也不需要构造不等式，就与局域实在论存在冲突[28]。

（2）Freedman-Clauser 实验

1969 年提出 Bell-CHSH 不等式时，克劳泽是分子天体物理专业博士生。1970 年获博士学位后，他来到加州大学伯克利分校，成为汤斯（Charles Townes）的博士后，被允许自主研究贝尔不等式。在伯克利，1967 年，康明斯（Eugene Commins）的学生科克（Carl Kocher）的博士论文工作是研究来自同一个原子源的光子对的时间关联[29]。

在这个系统中，级联跃迁产生纠缠光子对。钙原子的一个外层电子从基态 4^1S_0 被激发到 6^1P_1，又跃迁到 6^1S_0。从这个能级跃迁到 4^1P_1，发出一个光子；再跃迁回基态 4^1S_0，又发出一个光子。为了保持宇称守恒为偶宇称，角动量守恒为 0，双光子偏振态必然是 $\frac{1}{\sqrt{2}}(|+\rangle|+\rangle + |-\rangle|-\rangle)$。在此纠缠态下，光子在两边都被探测到的符合率是 $R(\varphi) = \frac{1}{2}\cos^2\varphi$，其中 φ 是检测两个光子的偏振片的夹角。但是科克所选择的两个检测光子的偏振片夹角是 0 度和 90 度，不能用来检验贝尔不等式。

克劳泽和康明斯的博士生弗里德曼（Stuart Freedman）改造了这个实验装置，改进了偏振器的效率（图 16）。在这个系统中，CHSH 不等式给出

$$\left| \frac{R(22.5°)}{R_0} - \frac{R(67.5°)}{R_0} \right| - \frac{1}{4} \leqslant 0$$

其中 R_0 是没有偏振器时的符合率。克劳泽和弗里德曼实验上得到上式左边是 0.05 ± 0.008，以 6 个标准偏差的实验精度违反贝尔不等式[30]。

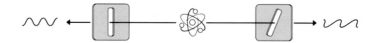

图 16　克劳泽和弗里德曼实验的漫画示意图

图片来自 nobelprize.org。

这个初步的实验尝试有漏洞和局限——产生和探测粒子的效率低,测量也是事先设置好的,因此逻辑上,有可能隐变量使得对粒子的探测有选择性,或者测量装置的设置(特别是偏振器的测量方向)影响了光子发出时的偏振,从而导致贝尔不等式的违反,而且不满足局域性要求。

局域性是贝尔不等式的一个关键前提假设。相互分离的两个子系统的测量必须相互独立,包括选择做哪种测量,比如位置还是动量,或者是横向的磁矩还是纵向的磁矩(磁矩正比于自旋),或者偏振片的透光方向。因此必须保证二者的测量时间差足够小,以至于不可能有物理信号从一方传到另一方。因为所有的信号速度不超过光速,实验上必须保证双方测量的时间差小于距离除以光速,用相对论的语言,这叫作类空间隔。弗里德曼-克劳泽实验的固定设置不满足局域性要求。

(3)阿斯佩实验

1981—1982 年,阿斯佩(Alain Aspect)与合作者格朗吉耶(Phillipe Grangier),罗歇(Gerard Roger)和达利巴尔(Jean Dalibard)做了 3 个实验,以高精度观察到了对 Bell-CHSH 不等式的违反,在很大程度上满足局域性要求。

在第一个实验中[31],在发生级联过程前,通过两套激光,用双光子吸收直接将电子激发到 6^1S_0,这比以前通过 6^1P_1 有效得多。

在第二个实验中[32],用双通道偏振器进行测量,得到很好的统计和很大的对贝尔不等式的违反,精度是几十个标准偏差。

贝尔当初就指出,实验设置要在粒子飞行过程中改变[26]。如果两边偏振测量方向做随机的改变,而且所费的时间小于两个粒子从源分别到达偏振器的时间,就能保证纠缠粒子被测量时,时空间隔是类空的,两边的测量没有因果关联。

这在阿斯佩的第三个实验中部分得到实现(图17)。这是三个实验中最重要的[33]。从钙原子到偏振片距离 6 米,光子飞行只有 20 纳秒,在光子飞行过程中是来不及旋转偏振器的。但是他们用了阿斯佩早些年设计的巧妙方法[34]。一对光子在到达一对偏振片之前,经过一个声光开关,被导向两对偏振器中的一对。声光开关每 10 ns 切换一次。所使用的 CHSH 不等式给出 $-1 \leqslant S \leqslant 0$,量子力学给出 0.112。

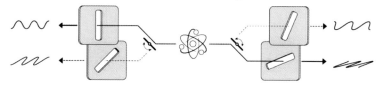

图 17　阿斯佩的第三个实验的漫画示意图

图片来自 nobelprize.org。

实验得到 0.101 ± 0.020，与量子力学一致，违反 CHSH 不等式。精度是 5 个标准偏差。

这些实验以及后来的很多贝尔测试实验都判定量子力学胜利，局域实在论失败。但是这些工作中仍然存在技术性的逻辑漏洞，如在探测器效率或局域性上。

在阿斯佩的第三个实验中，因为在纠缠光子对离开源之后，偏振器的测量方向做了改变，所以逻辑上来说，在很大可能性上，光子产生时的偏振没有受到偏振器测量方向的影响。

但是，这两个偏振器之间距离很短，由于技术的局限性，做不到在光子飞行时随机改变测量装置。因此在阿斯佩的第三个实验中，测量装置的改变并不是随机的，而是周期性的。具体来说，我觉得逻辑上，不能排除比较复杂的"阴谋论"：既然测量装置的改变是周期的，那么测量时的偏振器方向与过去的偏振器方向的关系是确定的，所以后者也可能影响了光子产生时的偏振。因此阿斯佩的第三个实验并没有关闭局域性漏洞，但是仍然具有里程碑的历史地位。

（4）塞林格组补上局域性漏洞

1997 年，塞林格研究组的实验终于补上了局域性漏洞（图 18）[35]。在他们的实验中，分析纠缠光子对的实验装置相距 400 米，以光速飞行则需要 1300 纳秒。纠缠光子对通过光纤传到偏振片。每个光子的偏振分析装置的方向有足够的时间进行快速的随机改变——用随机数产生器控制，用原子钟计时。一系列光子对的测量结束后，实验人员将两边的数据搜集起来，分析关联。

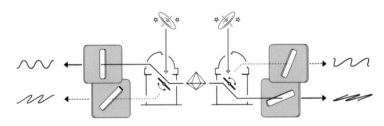

图 18　塞林格组的贝尔测试实验的漫画示意图

图片来自 nobelprize.org。在补上局域性漏洞后，塞林格组又做过很多贝尔测试，其中一个实验用来自不同类星体的光子的波长信息来决定偏振测量方向[36]，这反映在漫画中。与此同时，潘建伟组的实验用来自不同恒星的光子的波长信息来决定偏振测量方向[37]。

在这个实验中，各种技术改进很多。值得指出，这里用第 2 类参量下转换方法产生纠缠光子对。这是一个非线性光学过程，用 β-BBO（偏硼酸钡）晶体实现。β-BBO 晶体是由中国科学院福建物质结构研究所首次发现和研制的紫外倍频晶体。这种方法产生的纠缠光子对，可以通过光纤传送，从而分开很大的距离。这个方法最早由欧泽宇和曼德尔(L. Mandel),以及史砚华和艾利(C. O. Alley)于 20 世纪 80 年代实现,并以此做了贝尔测试[38-39],后来欧泽宇、佩雷拉(Pereira)、金布尔(Kimble)和彭堃墀用这个方法实现了连续变量(所谓的光振幅)的纠缠以及贝尔测试[40]。后来人们用这个方法实现了相距几公里[41]和几十公里[42]的纠缠光子的贝尔测试。塞林格组对此方法的使用始于与史砚华的一个合作工作,在 4 分钟内实现了 100 个标准偏差以上的贝尔不等式违反[43]。

我们前面说过,爱因斯坦等人揭示了量子纠缠与定域实在论(即定域性和实在论共同成立)的冲突,爱因斯坦是量子纠缠研究的最大功臣。但是正如阿斯佩曾经说过的,在相对论性分离(即类空间隔)所选择的测量下,对贝尔不等式的违反,意味着"用粒子共同源决定的、由光子对携带的共同性质来解释关联"这样的爱因斯坦图像不能保持了,我们必须做出结论:纠缠粒子对确实是不可分离的整体,无法赋予其中每个粒子单独的局域性质[44]。

3. 后续工作

在关于贝尔不等式的实验中,还长期存在"探测漏洞"。因为被探测到的纠缠粒子只是最初产生的纠缠对中的一部分,有多少被探测到与实验装置有关。在公平取样的前提下,实验上得到的统计分析才可以用来检验贝尔不等式。但是探测器的效率是有限的,如果探测效率不够高,就可能做不到公平取样,这就是探测漏洞。

要补上探测漏洞,保证公平取样,必须满足这样的条件:当一边测量到光子时,另一边也探测到光子的概率大于 2/3[45]。2001 年和 2008 年的离子实验[46-47]补上了探测漏洞。2013 年,塞林格组[48]和奎亚特(Kwiat)组[49]在光子实验中也补上了探测漏洞。

2015 年,有几个实验都同时补上局域性漏洞和探测漏洞,塞林格组[50]和美国国家标准与技术研究院(NIST)的萧姆(Shalm)组[51]都用了可以快速改变的偏振片和高效率的光子探测器,代尔夫特理工大学的李森(Hensen)组用两对电子-光子对[52],测量两个光子,使得两个电子纠缠。后来,在 2017 年温弗特(Weinfurter)用相距 398 米的纠缠原子也同时补上了这两个漏洞[53]。下面再介绍一下"自由选择漏洞"。贝尔不等式是关于两个子系统的各种测量结果之间的关联,涉及测量装置的几种不同设置,比如测量的方向。这在贝尔不等式的推导中是完全自由的,与隐变量无关。

而在贝尔测试中,需要自由随机选择这几个不同设置。长期以来,在实验中,即使局域性漏洞和探测漏洞都补上了,也还是由仪器来随机选择实验装置的安排。这并不理想,因为万一这些仪器所做的选择本身就是由隐变量决定的呢? 这叫作"自由选择漏洞"。贝尔曾提出可以用人的自由选择来保证实验装置安排的不可预测性。但是当时的技术做不到。

2016 年 11 月 30 日，一个叫作"大贝尔测试"的实验项目就是这样的实验，补上了这个"自由选择漏洞"。实验中所做的选择都是来自全球各地的约 10 万名志愿者。12 小时内，这些志愿者通过一个网络游戏"The Big Bell Quest"，每秒产生 1000 比特数据，总共产生了 97347490 比特数据。参加游戏的志愿者被要求在一定时间内输入一定的随机比特 0 或 1，被用于对实验中所做选择的指令。有个机器学习算法会根据已输入的比特，提醒志愿者避免可预测性，但是对产生的数据不作选择。全球五个洲的 12 个实验室在 12 个小时内做了 13 个贝尔实验。这些实验用 10 万名志愿者无规提供的这些数据来安排测量装置，不同的实验采用不同的数据。不同系统的贝尔测试的结果表明了局域实在论在这些系统中被违反。其中几个是潘建伟组、塞林格组等分别完成的光子偏振实验。

2018 年 5 月 9 日，*Nature* 杂志以"用人的选择挑战局域实在论"为题，发表了这 13 个贝尔实验的结果[54]，显示局域实在论在光子、单原子、原子系综与超导器件等系统中被违反。这一工作代表了对量子力学基本理论的检验又前进了一步。

最后提一下，既然局域实在论与量子力学冲突，那么矛盾的源泉来自哪里，局域论还是实在论？ 为研究这个问题，莱格特（Anthony J. Leggett）考虑一种"加密非局域实在论"：作为非局域性，对于确定的偏振方向，被测量量既依赖于测量偏振片方向，也依赖于另一边的偏振片方向。但是物理态是各种偏振方向的统计平均，服从局域规律，如马吕斯定律。对此，莱格特导出莱格特不等式，被量子力学违反[55]。最近我们提出一个推广的莱格特不等式，特别适用于粒子物理中的纠缠介子，被量子力学和粒子物理违反[56]。

2022 年诺贝尔物理学奖授予克劳泽、阿斯佩和塞林格，奖励他们关于纠缠光子的实验，奠定了贝尔不等式的违反，也开创了量子信息科学。他们的开创性实验使量子纠缠成为"有力的工具"，为量子科技的新纪元打下基础。在下一节中，我们将讨论与本次诺贝尔奖直接相关的量子信息学成就。

五、粒子物理中量子纠缠的历史起源：
吴健雄、杨振宁、李政道以及其他先驱

1. 引言

1935 年，爱因斯坦、波多尔斯基和罗森指出，局域实在性与量子力学完备性有冲突[16]。这被称为 EPR 佯谬，所讨论的关联被称为 EPR 关联，薛定谔称之为量子纠缠[18]。EPR 讨论的例子是两个粒子的位置或者动量（连续变量）的纠缠。1951 年，玻姆给出 EPR 佯谬的自旋 1/2（分立变量）版本[21]。1964 年，贝尔提出，局域实在性导致一个不等式，后被称为贝尔不等式，而量子力学计算结果违反该不等式[26]。后来，实验结果与量子力学结果一致，违反贝尔不等式。

在前两节中，我简单提及了粒子物理中量子纠缠的两个例子，一个是正负电子湮没所产生的纠缠光子，另一个是纠缠介子。在光学、原子物理和凝聚态物理等低能物理领域的量子纠缠实验兴起之前，粒子物理提供了量子纠缠的具体实例，扮演了一定的历史角色。我们熟悉的华人物理学家吴健雄、杨振宁和李政道都曾对这方面有所贡献，包括间接的贡献。我曾在会议和学术报告中对此做过介绍，在相关研究论文中也一直引用。2007 年 11 月，在杨振宁先生 85 岁寿辰学术会议上，我的报告标题是"杨振宁教授与粒子物理中的量子纠缠"，摘要中写道："杨振宁教授的一些工作与粒子物理中的量子纠缠态有关系。"[57] 在 2022 年 5 月 31 日东南大学举办的吴健雄先生诞辰 110 周年国际学术研讨会上，我的报告标题是"吴健雄的科学精神：从量子纠缠到宇称不守恒"，摘要中写道："1950 年，吴健雄先生及其学生完成正负电子湮没、产生光子的符合实验，准确验证了量子电动力学的预言。这也是人类第一个精确调控产生的、空间分离的量子纠缠态，虽然当时她没有注意到这一点。"2022 年 11 月中国物理学会秋季会议上，我的报告摘要写道："也借此机会介绍吴健雄、李政道和杨振宁的相关工作。"

现在对此议题的物理细节及其发展历程做深入的梳理，澄清一些历史，披露一些不太引人注意的方面。比如，关于正负电子湮没所产生的纠缠光子，在惠勒（John Wheeler）的最初工作之后，几位理论物理学家对此做出重要贡献，而杨振宁 1949 年著名的光子选择定则也与此密切相关。再比如，杨振宁和李政道在完成获诺贝尔奖的工作之后，关于 K 介子的一系列理论工作为介子纠缠奠定了理论基础。1958 年，戈德哈贝尔（M. Goldhaber）、李政道和杨振宁讨论了 K 介子纠缠态，首次给出光子以外的粒子的内部自由度纠缠，具有重要历史意义。后来，作为未发表的工作，李政道和杨振宁又讨论了中性 K 介子纠缠态。

2. 高能光子的量子纠缠

（1）正负电子湮没导致的纠缠光子

20 世纪 30 年代，基于狄拉克方程和量子电动力学，狄拉克等一批物理学家研究所谓的"对理论"，即正负电子对产生和湮没的理论。1946 年，惠勒在一篇获得纽约科学院奖励的论文中，系统讨论了正负电子形成的束缚态，最简单的是一个正电子和一个电子构成的正负电子偶素，他也讨论了如何检验"对理论"，建议的途径是：探测正负电子湮没产生的光子[58]。惠勒指出，湮没主要来自正负电子偶素的自旋单态，即总自旋为 0 的量子态,因此如果轨道角动量也为 0,那么总角动量也为 0,从而湮没所产生的相背运动的两个光子的线偏振方向必须互相正交,以满足角动量守恒。他建议,在实验中,每个光子分别被散射,然后分别被探测,通过二者的符合,记录两个光子都被探测到的事件。

这里的光子是被电子散射,也就是康普顿散射。对于每个光子来说,偏振方向决定了散射之后的运动方向分布。因此如果两个光子的偏振互相垂直,那么散射后的运动方向大概率也互相垂直。这就是说,康普顿实验相当于偏振测量,但是我们后面将要解释,这个"测量"是不完全的。

每个光子在散射前后的运动方向的夹角叫作散射角。但是两个相背运动的光子各自被电子散射后,即使它们的散射角一样,运动方向也不一定平行,因为在与散射前的运动方向相垂直的平面上,运动的方位可以不同(图 19)。惠勒建议,研究这两个光子散射角相同的情况下,散射方向垂直的概率与相同的概率之间的反对称性(二者之差除以二者之和)。这个非对称性与散射角有关。惠勒计算了散射角为 90 度的情况,发现当方位角相差 78 度 30 秒时,非对称性最大。

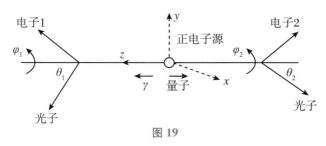

图 19

本图片翻译自参考文献[59]。

惠勒提出了原创想法,但是计算有误。正确结果由两个小组独立给出,沃德(J. C. Ward)和普赖斯(M. Pryce)的论文于 1947 年 6 月 18 日收稿[59],而斯奈德(H. Snyder)、帕斯特纳克(S. Pasternack)和奥恩博斯特尔(J. Hornbostel)的论文于 1947 年 11 月 24 日收稿[60]。这两组作者计算出,非对称性的最大值是 2.85,发生在散射角是 82 度的时候。据称,达立兹(R. H. Dalitz)也独立得到结果,但是没有发表[61]。

正负电子湮没所产生的两个光子的偏振是互相关联的,用今天的常用语言说,是量子纠缠的。惠勒没有在文章中明确写下纠缠光子的量子态,但是他的计算显然基于偏振纠缠态,因为他说得很清楚,正负电子处于自旋单态,即反对称态,而湮没产生的两个光子有"类似的偏振现象"。

但是沃德和普赖斯注意到,惠勒搞错了动量态。他们发表的短文只报告了计算结果,没有写量子态。但是这个工作是沃德博士论文的一部分[61-63]。他的博士论文详细指出,光子的动量态也是一个反对称态,这样保证两个光子在总体上是交换对称的,服从玻色统计。

斯奈德、帕斯特纳克、奥恩博斯特尔的论文给出了正确的量子态与详细计算。他们在摘要里指出,光子散射充当了另一光子的偏振的"部分分析"。虽然他们给出的散射方向垂直和平行的光子数都漏了因子 2[62],但是这不影响反对称性。

(2)对几位物理学家的介绍

这几位物理学家已鲜为人知,值得在此插入一点介绍。

普赖斯

普赖斯是玻恩(M. Born)在英国剑桥大学时与富勒(R. H. Fowler)合带的学生,学习期间也曾访问普林斯顿,得到泡利(W. Pauli)和冯·诺依曼指导,后来成了玻恩的女婿。太阳中微子猜想通常归功于彭蒂科沃(B. Pontecorvo),其实是由普赖斯提出的,当时他们都在加拿大的乔克里弗实验室(Chalk River Laboratories)[64-65]。1946 年,普赖斯回到牛津,沃德成为他的第一个研究生,普赖斯给的题目就是检验惠勒关于正负电子湮没的结果,并告知用偏振纠缠态作为起点[61-62]。沃德回忆说:"这是我的量子力学第一课,其实也是最后一课,因为其余只是可以从书上学来的技术。"[61]

沃德

沃德博士论文的另一部分是将施温格(J. Schwinger)的电子自能重正化从一阶推广到所有阶[61-62]。他在悉尼大学做了一年辅导教师后,回牛津完成博士论文答辩,并留在牛津做了两年研究,提出了沃德恒等式。这是他最著名的工作,说明重正化之所以成功,是因为规范不变性将不同的无穷大联系起来,是很深刻的结果,成为量子场论中的重要内容。然后他访问普林斯顿高研院一年。他听一个关于 2 维伊辛模型的学术报告时,想到将组合学方法用在这里,1952 年与卡茨(M. Kac)就此合作发表了一篇论文。

2023 年 3 月 6 日,我问杨振宁先生:"1952 年,沃德和卡茨在普林斯顿高研院,用组合学方法研究了伊辛模型。他们有没有和您谈过这个工作?"杨先生立即回答:"谈过。而且我在他们工作基础上迅速做了个工作。"杨先生是指在他和李政道关于相变的单位圆定理论文中,将卡茨-沃德方法从零磁场推广到虚数磁场,作为文章中巨配分函数零点分布的一个例子,有趣的是,这个想法也产生于听一个关于 2 维伊辛模型的学术报告,这次是关于卡茨-沃德方法的报告[66-67]。我问杨先生,这个报告是谁做的,杨先生说是卡茨和沃德两个人。

沃德在 1967 年成为澳大利亚麦考瑞大学教授之前,每个工作职位时间都不长。1955 年,他回英国参加氢弹项目,在得到"先裂变,再聚变,用到中子屏蔽"的提示后,重复出了 4 年前美国的乌拉姆-特勒方案,特别是辐射内爆,第二年回到美国[61-62]。沃德的关键贡献一直得不到英国官方承认,虽然他和萨拉姆(A. Salam)都曾为此写信给撒切尔夫人。

1960 年前后,沃德(在美国)与萨拉姆(在英国)合作,研究规范场理论,1961 年提出一个 SU(3) 强相互作用理论,1964 年得到格拉肖 3 年前的 U(1)×SU(2) 电弱理论。温伯格 1967 年用自发对称破缺得到 U(1)×SU(2) 电弱理论,萨拉姆同年在课堂上、次年在诺贝尔奖研讨会上提出同样的理论,格拉肖、萨拉姆和温伯格分享了 1979 年诺贝尔物理学奖[68]。

2021 年 7 月,我向杨先生请教有关 1979 年诺贝尔物理学奖的事。杨先生提到:"格拉肖的诺贝尔奖基于他在 20 世纪 60 年代提出 SU(2)×U(1) 的文章。"我说:"萨拉姆说,他和沃德独立做出了这个。但是他们的文章是 1964 年发表的,比格拉肖晚了 3 年。萨拉姆也说,他也独立做出了温伯格的工作,但是这一工作是在会议报告里宣讲的。"杨先生说:"很多人怀疑,萨拉姆和温伯格会面,将沃德抛弃了。20 世纪 90 年代早期,沃德突然出现在我在石溪的办公室。他抱怨自己被诺贝尔奖遗漏了。他还抱怨英国不承认他对英国氢弹的贡献。20 世纪 50 年代,在普林斯顿高研院,我是非常欣赏沃德的原创性的人。"2022 年 2 月我又提到:"沃德声称设计了英国的氢弹。"杨先生答复:"他确实那么说的,在他老了后。"

沃德一生虽然只发表 20 多篇论文,却有重要成就[61-63]。

斯奈德

斯奈德是奥本海默(J. Oppenheimer)的学生。1939 年他们提出"连续引力塌缩"[69]。1947 年,斯奈德发表量子化时空的论文[70],同一年杨振宁作为博士生对此做了进一步讨论[71]。20 世纪 50 年代,斯奈德与库朗(E. D. Courant)和利文斯顿(M. S. Livingston)提出加速器的强聚焦原理[72-73],这一原理被用在 CERN 和布鲁克海文实验室。斯奈德 49 岁早逝。

帕斯特纳克

帕斯特纳克是最早关注后来被称作兰姆位移的现象的理论家之一[74]。1934 年,加州理工学院的休士顿(W. Houston)和谢玉铭发现,氢原子光谱的巴尔默线系(电子从高能级跃迁到第二壳层时发出的谱线)的精细结构偏离狄拉克方程的预言,并在奥本海默和玻尔启发下,正确指出这来自电子与电磁场耦合导致的自能。康奈尔大学的吉布斯(R. C. Gibbs)和威廉斯(R. C. Williams)也观察了相同的现象,并将原因归结为第二壳层的零角动量能级(2s)移动。1938 年,帕斯特纳克在加州理工学院读博士时,与休士顿讨论后,也得到第二壳层零角动量能级(2s)移动的结论,但是将原因归于电子与原子核的相互作用。后来这个现象甚至被称为帕斯特纳克效应,启发了兰姆(W. Lamb)和雷瑟福德(R. Retherford)用高精度的微波技术测量第二壳层的零角动量能级(2s)与角动量量子数为 1 的能级(2p)的差别,即兰姆位移[75]。兰姆因此获得诺贝尔奖。帕斯特纳克后来成为《物理评论》(*Physical Review*)的编辑[76]。

（3）吴健雄-萨克诺夫实验

1949 年,吴健雄和她的学生萨克诺夫研究了正负电子湮没所产生的纠缠光子,测量它们各自被散射后的角关联[77],验证了惠勒、沃德-普赖斯和斯奈德-帕斯特纳克-奥恩博斯特尔的理论预言。

在吴健雄和萨克诺夫的工作之前,理论研究引发了至少两个组的实验工作,但是实验不理想,不能给出明确结论,问题出在光子探测器的效率和实验条件。正如吴健雄-萨克诺夫在文章中所写:"最近发展出的闪烁计数器被证明是可靠高效的光子探测器。"

吴健雄和萨克诺夫将光子探测效率提高到盖革计数器的 10 倍,从而使得符合计数率提高了 100 倍。他们用了两个光电倍增管和两个蒽晶体。他们在哥伦比亚的回旋加速器上,用氘核撞击铜-64,产生正电子。然后正负电子湮没,产生两个光子,分别在两个蒽晶体里被电子散射。在他们的实验中,平均散射定为 82 度,即理论上给出最大非对称性的角度。做符合探测时,一个探测器保持固定,另一个探测器的方位角取了 0 度、90 度、180 度和 270 度。非对称性测出是 2.04∓0.08,非常接近理论值 2,一锤定音地验证了量子电动力学的预言。

（4）杨振宁的选择定则

1949 年,杨振宁基于空间旋转和反演不变性,给出粒子衰变为两个光子的选择定则[67,78]。这个工作直接起因于介子衰变问题,但是也将正负电子湮没纳入讨论,文章第一句话就引用惠勒所说的正负电子偶素的三重态不能衰变为两个光子,接着说矢量和赝矢量介子也是如此,而且还引用了惠勒和上述两组作者关于光子偏振互相垂直的结果[58-60]。杨振宁证明,这些都是空间转动和反演的守恒导致的选择定则的后果。顺便看到,杨振宁在芝加哥大学读书期间,引用了两次斯奈德的工作。

杨振宁的选择定则文章于 1949 年 8 月 22 日收稿,于 1950 年 1 月 15 日发表。而吴健雄和萨克诺夫的文章于 1949 年 11 月 21 日收稿,迟于杨振宁论文的收稿时间,但是于 1950 年 1 月 1 日发表,早于杨振宁论文的发表时间。显然,他们当时互相不知道对方的工作。

（5）与量子纠缠概念相联系

1950 年以前,关于正负电子湮没所产生的光子对,一直到杨振宁、吴健雄和萨克诺夫,所有的研究都没有与量子纠缠概念相联系。现在我们回到量子纠缠这条线索。

1935 年,EPR 文章发表几个月后,薛定谔为 EPR 关联起了"量子纠缠"这个名字,但是认为这是不合理的。他认为 EPR 佯谬源于将非相对论量子力学用到适用范围之外。因此,他还讨论了一种可能性,即纠缠粒子分离之后,叠加系数失去相位关系,量子纠缠自动消失,退化为直积态的概率混合,也就是说,不同的直积态以一定的概率出现。这样既避免了 EPR 佯谬,也与当时已经做过的实验(不涉及量子纠缠)不矛盾。当然,当时还没有量子纠缠实验,所以薛定谔声明这是假设。他在这个议题上连写了 3 篇文章,2 篇英文的和 1 篇德文的[18-19,79]。法瑞(Wendell Furry)也连写了 2 篇文章[80-81],考察量子纠缠态(即直积态的相干叠加)与直积态的概率混合这两种不同情况。薛定谔质疑纠缠态的合理性,而法瑞却与此相反,认为与量子力学不一致的情况才是不合理的。他们都讨论了这两种情况的不同,但是只有薛定谔的第 2 篇英文文章具体假设了 EPR 纠缠对分离后,从纠缠态变为概率混合[19]。在后来的文献中,薛定谔的这个假设以及对量子纠缠的质疑却经常被误会成法瑞所做的。薛定谔和法瑞的几篇文章的发表时间线是:薛定谔第 1 篇英文文章(1935)、薛定谔德文文章(1935)、法瑞第 1 篇文章(1936)、薛定谔第 2 篇英文文章(1936)、法瑞第 2 篇文章(1936)。法瑞第 2 篇文章引用了薛定谔第 1 篇英文文章和德文文章。薛定谔的德文文章讨论了测量引起的纠缠消失,也提出了著名的薛定谔猫佯谬[19]。

可以看到,爱因斯坦和薛定谔不愧为大师。他们不喜欢量子力学的概率诠释,没有参与在此基础上的后续发展,但是在需要时,又能够在量子力学理论框架内做出深刻的分析。他们的理论分析是我们今天所熟悉的。

1951 年,玻姆给出 EPR 佯谬的分立变量(自旋 1/2)版本。1957 年,他和学生阿哈诺罗夫(Y. Aharonov)首次将关于 EPR 佯谬的讨论与真实的物理实验联系起来。他们指出,在 EPR 考虑的情形中,粒子之间没有相互作用,波函数也不重叠,但是当时并没有真实的实验证据表明量子力学能应用到这样的多体问题上,从而导致 EPR 佯谬。爱因斯坦本人也曾经在与玻姆的讨论中说,也许粒子间分离到足够远时,对于这样的多体问题,量子力学自动失效[22]。

玻姆和阿哈诺罗夫注意到,当时实验上,分立变量的量子纠缠只能在正负电子湮没所产生的光子偏振态中研究,也就是吴健雄-萨克诺夫实验[33]。玻姆和阿哈诺罗夫不用"纠缠"这个名词,而是用"关联"。他们仔细研究了在光子对康普顿散射后的符合测量中,关联(量子纠缠)的作用。结果表明,只有纠缠态才能给出与吴健雄-萨克诺夫实验结果一致的理论值,而薛定谔和法瑞所讨论过的直积态的经典概率混合则导致非常不同的计算结果。玻姆和阿哈诺罗夫只注意到法瑞的讨论,而没有提及薛定谔的讨论。

因此,吴健雄-萨克诺夫实验确实产生了光子的偏振纠缠态,说明 EPR 关联是物理性质。这是历史上第一次在实验中实现了明确的并且空间分离的量子纠缠。用今天的符号表示,这个量子纠缠态就是 $1/\sqrt{2}$ ($|\rightarrow\rangle|\uparrow\rangle - |\uparrow\rangle|\rightarrow\rangle$)。

吴健雄-萨克诺夫实验不仅准确验证了量子电动力学的预言,而且成为量子纠缠实验的先驱。

2015 年,杨振宁指出,吴健雄-萨克诺夫实验"是第一个量子纠缠实验,量子纠缠是 21 世纪很热的新研究领域"[82]。

(6) 吴健雄小组的实验能用来测试贝尔不等式吗?

1964 年发表的贝尔不等式是几个关联函数服从的不等式。以光子为例,每个关联函数所描述的是两个光子沿不同方向的偏振分量之间的关联。为了违反贝尔不等式,这两个方向不能平行或垂直,而是成其他角度。

能否用吴健雄-萨克诺夫实验来测试贝尔不等式呢? 贝尔不等式发表后,确实有一些物理学家考察了这个问题,发现不行。

西蒙尼(A. Shimony)和霍恩(M. Horne)注意到[83],吴健雄-萨克诺夫实验设置中,两边所探测的光子偏振要么互相平行,要么互相垂直,而不能改为其他角度。

还有另一个问题,吴健雄-萨克诺夫实验中,光子的偏振是通过康普顿散射来"测量"的,但是光子经过康普顿散射后,散射方向由波函数描述,在各方向都有概率,并不是锁定于某个特定的方向,虽然在垂直于偏振的方向概率最大。因此光子对的符合并不能确定偏振,不是完美的测量。

而且,吴健雄-萨克诺夫实验所研究的是高能光子,其偏振不能像低能光子那样用偏振片和偏振分束器测量,这些装备会被高能光子打穿。后来,光子偏振的量子纠缠主要是通过原子物理、光学、凝聚态物理等领域的低能光子来研究的,成为量子信息科学的重要部分,得到蓬勃发展,3 位物理学家因这方面的工作得到了 2022 年的诺贝尔物理学奖。

这 3 位诺贝尔奖得主中,克劳泽的得奖理由的一部分是与西蒙尼、霍恩以及霍尔特将贝尔不等式推广到 CHSH 不等式[84]。本文表明,这个工作的起源与他们对吴健雄-萨克诺夫实验的分析密切相关。

当时,克劳泽为吴健雄-萨克诺夫实验构造了一个局域隐变量理论结果[85],这也印证了这个实验不适合测试贝尔不等式。他也注意到吴健雄-萨克诺夫实验中的特殊夹角,并走访了吴健雄,得到确认[86]。

克劳泽的来访引起了吴健雄对贝尔测试的兴趣,她和两位研究生卡什迪(L. R. Kasday)和厄尔曼(J. Ullman)进行了新的实验。这一次,他们在两个光子的各种不同的散射角以及方位角测量符合概率。文章于 1974 年完成,1975 年发表[87]。此文引用了杨振宁 1949 年关于光子对产生的选择定则的工作。

但是严格来说,吴健雄小组的新实验仍然不适合贝尔测试,正如上文所说,高能光子的偏振不能完美测量,散射后的光子总有一个弥散的波函数分布。不过,卡什迪、厄尔曼和吴健雄指出,如果做两个额外假设——(1)偏振可以完美测量,(2)康普顿散射的量子力学公式是正确的,那么实验结果与量子力学一致,而与贝尔不等式不一致。

总的来说,吴健雄及其学生关于高能纠缠光子的相隔 25 年的两个工作推动了对量子纠缠和贝尔测试的研究,虽然没有能够严格证明对贝尔不等式的违反,但是实验结果展示了量子纠缠。

1975 年,拉梅伊-拉什蒂(M. Lamehi-Rachti)和米蒂希(W. Mittig)实现了玻姆最初设想的自旋 1/2 的纠缠态。他们用质子束轰击含氢的目标,得到两个质子组成的自旋单态。在一些辅助假设的前提下,实验结果违反贝尔不等式[88]。

3. 介子纠缠

(1) 李政道、厄梅和杨振宁:中性 K 介子作为量子力学双态系统

通常,吴健雄、杨振宁和李政道这三个名字联系在一起,是因为弱相互作用中宇称不守恒。杨振宁和李政道所获的 1957 年诺贝尔奖是基于 1956 年的理论工作,而这个理论工作的起因是为了解决所谓的 θ-τ 之谜[67,89-90]。而宇称不守恒说明,θ 和 τ 是同一种粒子,被称为 K 介子。既有带电的 K 介子,也有不带电的中性 K 介子。

有趣的是,中性 K 介子也有两种,它们互为反粒子,构成一个双态系统,类似于自旋 1/2。这里的分立变量是味或奇异数。它们是赝标量粒子(赝标量的意思是,量子态在空间反演下要改变符号)。其他类似的赝标量介子还有 B 介子、D 介子,等等。正反粒子的叠加态是 C(电荷共轭)或者 CP(电荷共轭-宇称联合操作)的本征态。因为弱相互作用下 CP 不守恒,所以质量-寿命的本征态(比如 K 介子有长寿命态和短寿命态)与 CP 本征态略有不同。

K 介子(以及其他类似的介子)可以用简单的量子力学薛定谔方程描述,这始于 1957 年李政道、厄梅(R. Oehme)和杨振宁的工作[91]。

1955 年,盖尔曼(M. Gell-Mann)和派斯提出由正反粒子的叠加态构成 C 或者 CP 的本征态,但是他们假设宇称(P)和电荷共轭(C)都是守恒的,所以认为 C 或者 CP 的本征态的产生代表等概率地产生正反 K 介子[92]。李政道、厄梅和杨振宁考虑到每个分立对称性都有可能破坏,所以存在正反 K 介子的相干叠加。这才使得 K 介子真正类似于自旋 1/2。

2014 年 5 月,我去 CERN 参加一个研讨会,我的报告就是关于介子纠缠态。5 月 8 日,我在给杨振宁先生的信中说:"附上我在 CERN 的报告。维格纳-韦斯科普夫(Wigner-Weisskopf)近似下的 K 介子衰变,以及中微子振荡,可以用简单的量子力学双态或三态系统描述。这些方法是你们开创的吗?"Wigner-Weisskopf 近似是一个使衰变随时间指数衰减的近似方法。

杨先生随即回答:"谢谢你的 PPT。是的,整个混合矩阵的想法源于李-厄梅-杨文章。我们用 Wigner-Weisskopf 形式描述 3 个分立对称性都可能破坏的系统随时间的演化。当时,这个描述方法并不是必要的,因为人们相信两种 K 介子不混合(因为盖尔曼和派斯)。为了完备起见,我们发展了混合的一般形式。1964 年后,我们的形式成为标准的形式。后来又被用于中微子。"

(2) 戈德哈贝尔、李政道和杨振宁:最早写下的介子纠缠态

介子的量子纠缠态也始于他们,虽然最初他们没有关注量子纠缠这个概念。1958年,戈德哈贝尔、李政道和杨振宁最早讨论了一对 K 介子(θ)的量子态[93]。不过他们考虑每个粒子可以处于 4 个态,两个中性态以及正负单位电荷态。虽然他们没有从量子纠缠的角度作讨论,但是事实上这些二粒子态都是纠缠态,其中有 4 个纠缠态都由总电荷为 0 的两粒子直积态进行线性组合而成。

值得提出,给出这些介子内部自由度的纠缠态的方法与杨振宁 1949 年的选择定则是一脉相承的。后者限于在电磁相互作用或强相互作用下,光子的产生基于角动量和宇称守恒。而介子对的量子态的确立则是基于强相互作用的奇异数、电荷共轭和同位旋守恒,方法与 1949 年的选择定则是一样的。粒子对的整体变量的守恒自然导致每个粒子的各种可能,因此可能是纠缠的。

有趣的是,文章中写道:"我们通过同位旋转动算符和电荷共轭算符的联合使用,证明存在有趣的关联,不仅在产生上,而且在衰变模式上。"[93]"产生"是指在奇异数基上,而"衰变模式"是指在电荷共轭-宇称(CP)基上。他们将每个量子态在这两个基上都表示出来,发现在两个基上都有关联。这个"有趣的关联"正是量子纠缠。所以戈德哈贝尔、李政道和杨振宁触及了量子纠缠的性质。

2012 年 2 月 10 日,我告诉杨先生:"我在写一篇分析量子纠缠(EPR 关联)的 K 介子对的文章,这个领域可以追溯到 1958 年的戈德哈贝尔-李政道-杨振宁的文章'($\theta + \bar{\theta}$)系统'。现在意大利的 φ 工厂可以产生 K 介子的 EPR 对。"

(3) 李政道和杨振宁:中性 K 介子的纠缠态

戈德哈贝尔、李政道和杨振宁写下的 K 介子纠缠态中,存在带电态与中性态之间的叠加,其中有 4 个是带正负单位电荷的状态与两个正反中性态之间的叠加。如果我们限制带电态与中性态之间没有量子相干(作为一种超选择定则),那么 4 个纠缠态就全部简化为正反中性态的反对称叠加态,类似自旋单态。

根据英格利斯(D. R. Inglis)1961 年 1 月发表的一篇综述文章[94],1960 年 5 月 28日,李政道在阿贡实验室的学术报告中,讨论了可以通过质子-反质子碰撞产生的中性 K 介子(θ)关联态。

英格利斯文章中有一章内容来自李政道的报告,给出了类似自旋单态的中性 K 介子纠缠态,其中正反中性 K 介子分别类似于自旋向上和向下,由此可以计算出两个粒子

均为中性反 K 介子的概率。按照这篇文章所述，李政道和杨振宁注意到，同一时刻两个中性介子不可能都被观测为同为中性 K 介子或同为中性反 K 介子，他们也计算了不同时刻下两个介子都被观测为中性反 K 介子的概率。

此文对李政道和杨振宁的未发表工作引用如下："李政道和杨振宁（未发表）；李政道教授（私人通信以及 1960 年 5 月 28 日在阿贡 ZGS 用户组会议上的报告）。"

同样发表于 1961 年 1 月的戴（T. B. Day）的文章对李政道和杨振宁的未发表工作做了扩展[95]。引用的方式是："李政道和杨振宁（未发表）；李政道教授（私人通信以及 1960 年 5 月 28 日在阿贡 ZGS 用户组会议上的报告）。"有趣的是，戴的文章还讨论了与正负电子湮没产生的光子对的类似之处。这正好是我们这篇文章所关注的。

我本人对介子纠缠的起源一般引用如下："李政道、杨振宁，描述于 D. R. Inglis，现代物理评论，33（1961）：1；T. B. Day，物理评论，121（1961）：1204。"[96]

2006 年 8 月 21 日我给杨先生的邮件中提到："最近我写了一篇关于中性 K 介子的文章（将发表在 *Phys. Lett. B*），将量子信息方面的一点想法用到粒子物理……其实溯源起来，基于您和李政道大约在 1960 年的工作，你们注意到中性 K 介子可以产生在 $(J, P) = (0, -)$ 的爱因斯坦-波多尔斯基-罗森态。你们这个工作似乎没有发表过，但是在英格利斯的一篇文章中介绍过。"

事实上，这种中性介子纠缠态后来在介子工厂广泛产生和使用。

雅默（M. Jammer）在他的名著《量子力学的哲学》（*Philosophy of Quantum Mechanics*）中[97]，通过引用英格利斯和戴的文章，提到李政道和杨振宁的未发表工作以及李政道在阿贡实验室的报告。

雅默还提到，他 1973 年 3 月 12 日采访了李政道，得知李政道曾经注意到 K 介子关联与 EPR 关联的密切关系不同于经典系综的关联。雅默写道："李政道在阿贡实验室做了个报告，关于量子力学在长距离上的惊人效应。在报告中，他讨论了同时产生的相背离开的 K 介子之间的某些关联。他意识到这个情形与爱因斯坦、波多尔斯基和罗森提出的问题的密切关系，他很快确信经典系综（或者说，具有隐变量的系统）永远不能复制这种关联。但是因为 K 介子的有限寿命造成的复杂化——寿命无穷长时就'退化'为贝尔讨论的情况——李政道没有得到与贝尔不等式等效的结论，但是将进一步探讨这些想法的任务交给助手 Jonas Schürtz，但是后者很快做别的课题去了。"雅默注释道："李政道清楚地表示，所有的功劳归于贝尔教授。"[97]

1986 年，李政道发表了论文《黑洞是黑体吗?》（*Are black holes black bodies?*），其中讨论了跨越视界的量子纠缠，指出取决于量子态，辐射看上去可能是黑体辐射，也可能很不一样[98]。作为量子态整体性的例子，文中引用了卡什迪、厄尔曼和吴健雄的文章，以及戈德哈贝尔、李政道和杨振宁的文章，但是没有引用介绍李政道和杨振宁未发表工作的英格利斯和戴的文章以及雅默的书，也没有提自己在阿贡实验室的报告。

1996 年，我在以色列巴伊兰大学(Bar-Ilan University)物理系图书室借了雅默的这本书精读。图书管理员说："您知道雅默教授就是我们系的吗?"竟然这么巧。原来，雅默是这个系的创始人，还做过校长。后来我和雅默做了一些讨论，不过并没有得到关于李政道和杨振宁未发表工作的额外信息。

2019 年 8 月，我将英格利斯的文章和雅默的书的相关电子文档发给杨振宁先生。

2019 年 8 月，王垂林教授也曾帮我寻找李政道-杨振宁关于中性 K 介子纠缠的未发表工作、李政道先生在阿贡实验室的报告以及他与英格利斯通信的第一手资料，然而没有找到。

(4) 弗里德伯格的工作

根据雅默的记载，弗里德伯格在这方面做了一些未发表的工作[97]。弗里德伯格也是李政道的学生，而且是留在哥伦比亚大学的长期合作者。不知道这个工作有没有得到李政道的指导或建议。

1967 年，在不知道贝尔的工作情况下，弗里德伯格将局域性假设用于自旋测量，得到与量子力学矛盾的结果。1968 年，他将此工作告诉雅默。1969 年，他又将此工作写成一篇没有发表的稿件:理•弗里德伯格，爱因斯坦-波多尔斯基-罗森的实在性判据的可检验后果，1969 年，未发表(R. Friedberg, Verifiable consequences of the Einstein-Podolsky-Rosen criterion for reality, 1969, unpublished)[97]。

弗里德伯格首先将实在性判据重新表述如下。对于两个系统，可以在不扰动第二个系统的前提下，测量第一个系统，也可以在不扰动第一个系统的前提下，测量第二个系统。如果两种测量的结果完全相符，那么这个结果就是实在的一部分，即使没有实际去测量。

他然后考虑每个系统都有 3 个量 x, y, z，取值均为 1 或 -1。对于每个系统，任意两个量都可以同时测量，因为一个量可以直接测量，另一个量可以基于 EPR 纠缠态，通过测量另一个系统而得到。由此可以得到乘积的平均值满足 $\langle xy \rangle + \langle yz \rangle + \langle xz \rangle \geqslant -1$。但是，对于量子力学自旋，如果 x, y, z 分别对应于自旋的 3 个分量，可以证明它们满足 $(\langle xy \rangle + \langle yz \rangle + \langle xz \rangle)2 \geqslant 1$，违反不等式 $\langle xy \rangle + \langle yz \rangle + \langle xz \rangle \geqslant -1$。德国人比歇尔(Wolfgang Bücher)1967 年也得到类似的结果[97]。

1969 年，弗里德伯格还做了另一个未发表工作，给出了科亨-施佩克尔(Kochen-Specker)定理的一个简化论证[97]。科亨-施佩克尔定理说，在非互文(即与测量装置无关)前提下，不能自洽给观测量赋予确定的数值。

对于吴健雄-萨克诺夫实验，弗里德伯格曾向雅默指出，法瑞考虑的非纠缠情况可以用贝尔不等式的方法来表示，对应的关联函数与纠缠态不一样，后者是一个余弦，前者在此基础上乘以一个大小不超过 1/2 的系数[97]。

4. 寻找从 0 到 1 的踪迹

现在我们看到,粒子物理中量子纠缠的早期工作起到了促进量子纠缠研究的历史作用。以贝尔的工作为例[99],他关于隐变量和贝尔不等式的最早两篇文章(分别于 1964 年和 1966 年发表)都引用了玻姆和阿哈诺罗夫 1957 年的文章;1971 年,一篇文章引用了戴的文章和英格利斯的文章;1975 年,一篇文章引用了雅默的书,并注明"特别是关于李政道和弗里德伯格的部分",卡什迪、厄尔曼和吴健雄文章,以及拉梅伊-拉什蒂和米蒂希文章。

2022 年 12 月 10 日,我在给杨振宁先生的邮件中说:"贝尔不等式方面的工作终于获得了诺贝尔奖,虽然不是给贝尔本人。我记得您在论文选集中提到,访问 CERN 时,您将您在非对角长程序方面的工作告诉贝尔,贝尔证明了您的一些猜想。"杨先生立即回复:"他非常好。"

2023 年 3 月 11 日,我向杨先生表达我的看法:"我觉得从量子纠缠的角度看,1958 年戈德哈贝尔-李政道-杨振宁文章很重要,是首次注意到光子以外的高能粒子的内部纠缠态,文章用与杨振宁 1949 年选择定则相同的方法,得到作为产物的介子纠缠态,正如光子纠缠态是选择定则的后果。而且这篇文章还注意到介子对在衰变模式上也是关联的,后来李政道和杨振宁又在每个介子为中性的限制下,得到中性 K 介子纠缠态,这也是后来人们集中关注的。"

1960 年李政道和杨振宁在未发表工作中,对中性纠缠态所计算的联合概率(也是后来人们关于这类纠缠态的计算和测量的关键点,类似光子符合概率)是 1958 年所说的衰变模式关联的表现形式。

我们现在注重从 0 到 1 的突破,但是历史上的从 0 到 1 也往往不是一蹴而就的。随着时间推移,在从 0 到 1 过程中有些科学家的贡献可能被遗忘,特别是如果这些科学家不著名。即使是著名科学家,在某些领域的原创努力也未必都被记住,特别是如果这些领域在当时是冷门的。在科学前进道路上,从 0 到 1 的努力,包括成功的和没有完全成功的努力,值得梳理、考察和学习。

感谢与杨振宁先生的交流。

六、为什么量子纠缠是量子信息的资源

随着量子物理以及相关技术的发展,特别是量子力学基本问题的研究,量子信息科学逐步兴起。其中贝尔不等式和量子纠缠的研究起了重要作用,演示了量子纠缠的重要性。量子纠缠引起更广泛的关注,是因为量子纠缠已经成为量子信息处理的资源[17,102]。例如,利用量子纠缠可以实现量子隐形传态。

1. 量子态不可复制

作为量子力学的线性叠加原理的后果,量子信息科学中有一个叫作"量子态不可复制"的基本定理:不可能存在一个基于量子力学演化的机器,它能够复制任意的未知的量子态[103-104]。如果有这样的机器,作为一个演化算符 U,复制过程是 $|\psi\rangle|\varphi\rangle|M\rangle \rightarrow |\psi\rangle|\psi\rangle|M'\rangle$,$|\psi\rangle$ 是被复制的态,$|\varphi\rangle$ 代表复制前的复本空白状态,$|M\rangle$ 和 $|M'\rangle$ 代表机器在复制前后的量子态。同理,对于另一个被复制的态 $|\psi'\rangle$,复制过程是 $|\psi'\rangle|\varphi\rangle|M\rangle \rightarrow |\psi'\rangle|\psi'\rangle|M''\rangle$。而对于 $|\psi\rangle$ 和 $|\psi'\rangle$ 的任意线性叠加态 $\alpha|\psi\rangle + \beta|\psi'\rangle$,复制过程应该 $(\alpha|\psi\rangle + \beta|\psi'\rangle)|\varphi\rangle|M\rangle \rightarrow (\alpha|\psi\rangle + \beta|\psi'\rangle)(\alpha|\psi\rangle + \beta|\psi'\rangle)|M'''\rangle$。但是另一方面,根据量子力学的线性叠加原理,

$$(\alpha|\psi\rangle + \beta|\psi'\rangle)|\varphi\rangle|M\rangle = (\alpha|\psi\rangle|\varphi\rangle|M\rangle + \beta|\psi'\rangle|\varphi\rangle|M\rangle$$
$$\rightarrow \alpha|\psi\rangle|\psi\rangle|M'\rangle + \beta|\psi'\rangle|\psi'|M''\rangle$$

与期望的复制过程不同。因此不存在复制机器。

因此如果一个任意量子态从一个载体,经过某个过程,转移到另一个载体上,那么原来载体上的量子态就肯定改变了。这体现于量子隐形传态中。

2. 量子隐形传态

1993 年,本内特(C. H. Bennett)、布拉萨德(G. Brassard)、克雷波(C. Crépeau)、乔萨(R. Jozsa)、佩雷斯(A. Peres)和伍特尔斯(W. K. Wootters)提出量子隐形传态方案,借助量子纠缠和经典通信(图 20),将未知量子态从第一个粒子(图中记作 A)传到远方的第二个粒子(图中记作 C)上[105]。第三个粒子(图中记作 B)与第一个粒子处于同一地

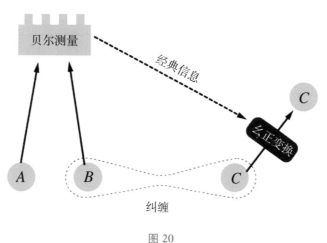

图 20

点,但是与第二个粒子纠缠,处于某个贝尔态,为了不失一般性,可以用 $|\psi_+\rangle$ 表示。将第一个粒子的态记作 $|\gamma\rangle$。3 个粒子的量子态是

$$|\gamma\rangle|\psi_+\rangle = \frac{1}{2}|\psi_+\rangle|\gamma\rangle + \frac{1}{2}|\psi_-\rangle Z|\gamma\rangle + \frac{1}{2}|\varphi_+\rangle X|\gamma\rangle + \frac{1}{2}|\varphi_-\rangle XZ|\gamma\rangle$$

其中 X 和 Z 都是某种操作,而且逆操作是它们自己。具体来说,这里每个粒子都是一个量子比特。也就是说,Alice 控制 A 和 B 粒子,对它们进行以贝尔纠缠态为基的测量(叫作贝尔测量),并将测量结果以经典通信方式通知控制 C 粒子的 Bob,后者对 C 粒子采取相应操作。Alice 对 A 和 B 粒子进行贝尔测量后,她知道三个粒子状态成为上面数学表达式的 4 项之一,将结果告诉 Bob,Bob 相应地做写在 $|\gamma\rangle$ 前面的操作的逆操作(碰巧等于原操作)——如果 Alice 得到 $|\psi_+\rangle$,Bob 不做任何操作;如果 Alice 得到 $|\psi_-\rangle$,Bob 得知结果后,做 Z 操作;如果 Alice 得到 $|\varphi_+\rangle$,Bob 得知结果后,做 X 操作;如果 Alice 得到 $|\varphi_-\rangle$,Bob 得知结果后,做 ZX 操作。这样最后得到的 C 粒子的状态总是 $|\gamma\rangle$。粒子本身没有被传送,是量子态被传送,而该量子态原来的载体(A 粒子)则改变了量子态,事实上变成与 B 粒子处于一个纠缠态,而且经典通信在量子态的传送中起了重要作用。这样,虽然 Alice 和 Bob 不知道被传的态是什么,但是这个态从 A 粒子传到了 C 粒子。注意,一个关键的步骤是 Alice 将测量结果通知 Bob,否则量子态传送是不可能实现的。妙处是 Alice 和 Bob 都不知道被传的态,而且粒子本身没有被传送。量子纠缠和量子隐形传态都不可能瞬间传递信息。如果 Alice 和 Bob 仅仅对两个纠缠粒子分别进行测量,是无法实现信息传递的,这是因为如果 Alice 不将对第一个粒子的测量结果通知 Bob,后者是观测不到第二个粒子的任何变化的,观测结果与塌缩前的量子态也是完全融洽的(因为有随机性)。因此这里没有超光速信号的传输,量子纠缠并不违反相对论。对相对论的遵守也体现在量子隐形传态中,Alice 必须将测量结果告诉 Bob。事实上,任何信号传输都不能超过光速。1997 年,塞林格组[106]和马丁尼(F. D. Martini)组[107]分别在实验上实现了量子隐形传态。正如量子隐形传态的最初理论文章中提到的,量子隐形传态可以推广如下:粒子 1 和 2 处于一个贝尔纠缠态,粒子 3 和 4 处于另一个同样的贝尔纠缠态;粒子 2 和 3 一起被做贝尔测量,结果粒子 1 和 4 就会处于一个纠缠态,虽然它们没有相遇。这可以从下式看出:

$$|\psi_+\rangle_{12}|\psi_+\rangle_{34} = \frac{1}{2}|\psi_+\rangle_{23}|\psi_+\rangle_{14} - \frac{1}{2}|\psi_-\rangle_{23}|\psi_-\rangle_{14}$$
$$+ \frac{1}{2}|\psi_+\rangle_{23}|\psi_+\rangle_{14} - \frac{1}{2}|\psi_-\rangle_{23}|\psi_-\rangle_{14}$$

塞林格参与的一个理论工作将之称为纠缠交换,并指出这可以用于检测纠缠对的产生[108]。1998 年,塞林格组在实验上实现了纠缠交换[109]。中国学者潘建伟作为研究组成员参加了这两个量子隐形传态和纠缠交换实验。

3. 量子卫星与量子密钥分发

量子信息技术的一个重要目标是实现长距离的量子纠缠,其中一个技术途径是用光纤,但是光有衰减,所以需要中继。经典中继器显然依赖于复制。但是量子态不能被复制,因此量子中继与经典中继器不同。一个解决方法是借助卫星,因为在大气以上的自由空间中光衰减很小。潘建伟研究团队用 2016 年发射的墨子号卫星实现了这个方案,实现了卫星与北京附近的兴隆地面站之间(相距 1200 公里)的 BB84 方案的量子密钥分发[110]。BB84 方案是本内特(Bennett)和布拉萨德(Brassard)于 1984 年提出的量子密钥分发方案,不需要量子纠缠[111]。不用卫星,但是作为卫星工作的技术准备,他们在青海湖附近实现了约 100 公里距离的量子纠缠、量子隐形传态和 Bell-CHSH 不等式违反($S = 2.51 \pm 0.21$,无局域性漏洞)实验,充分验证了利用卫星实现量子通信的可行性。2017 年,利用卫星实现了阿里地面站和墨子号卫星之间 1400 公里的量子隐形传态[112]。墨子号卫星还将纠缠光子分发到青海的德令哈和云南的丽江(相距 1200 公里),观察到双光子纠缠以及 Bell-CHSH 不等式违反($S = 2.37 \pm 0.09$,无局域性漏洞)[113]。后来,又与塞林格组合作,实现了在中国与奥地利之间的密钥分发(无量子纠缠)[114]。量子号卫星还有望取得进一步成就[115]。另一个途径是所谓量子中继器,基于纠缠交换,通过多个节点,实现长程纠缠。除了有效的纠缠交换,还需要好的量子存储,因为在一方的许多次纠缠交换过程中,另一方必须保持量子态不变。这些技术结合起来,可以实现全球量子网络的建立。1991 年,阿图尔·埃克特(Artur Ekert)提出一种基于量子纠缠态的量子密钥分发方案[116],叫作 Ekert91 方案。Alice 和 Bob 共享来自一个独立源的纠缠量子比特(自旋、光子偏振或者其他载体)。他们分别随机在 3 个方向(a_1, a_2, a_3)和(b_1, b_2, b_3)测量所拥有的量子比特。(a_1, a_2, a_3)分别是 90 度、135 度、180 度方向,(b_1, b_2, b_3)分别是 135 度、180 度、225 度方向。a_1、a_3、b_1、b_3方向的测量结果(可以公开)用来检验贝尔不等式。通过检验贝尔不等式是否违反,可以发现通道是否安全可靠、没有窃听。然后可以用 a_2 和 a_3,也就是 b_1 和 b_2 方向的完美反关联的测量结果生成密钥。2006 年,塞林格组在 144 公里距离上实现了这个方案[117]。他们检验 CHSH 不等式的 S 是 2.508 ± 0.037,表明贝尔不等式的违反达到 13 个标准偏差。2022 年,3 个组用没有漏洞的贝尔测试实现了这个方案[118-120]。

作为密钥方案,也可以不检验贝尔不等式,而是独立去测量 X 或 Z 算符,结果应该是反关联的[121]。然后类似 BB84 方案,用一些结果做错误率分析,检验有无窃听。如果没有窃听,就可以生成密钥。这叫 BBM92 方案。2020 年,墨子号卫星将纠缠光子分发到德令哈和南山(相距 1120 公里),实现了 Ekert91 和 BBM92 方案,而且违反 Bell-CHSH 不等式的 S 是 2.56 ± 0.07,达到 8 个标准偏差[122]。2022 年,墨子号卫星将纠缠光子对分发到德令哈和丽江（相距 1200 公里），然后在两个地面站之间实现了量子态远程传输[123]。

4. 结束语

本节与前面 3 节一起，详细梳理了量子纠缠相关的主要概念、关键思想和重要里程碑，从爱因斯坦-波多尔斯基-罗森，以及薛定谔、玻尔和玻姆的相关工作，到少为人知的与粒子物理相关的量子纠缠研究，直到贝尔不等式的提出和实验检验，再到量子信息时代中量子纠缠的重要角色。爱因斯坦揭示了量子力学与定域实在论的冲突，贝尔将其定量化，CHSH 将其推广用于实际实验检验。为了检验贝尔不等式，实验技术不断提高。2022 年诺贝尔物理学奖授予阿兰·阿斯佩、约翰·克劳泽和安东·塞林格，奖励他们关于纠缠光子的实验，奠定了贝尔不等式的违反，也开创了量子信息科学。他们的开创性实验使量子纠缠成为"有力的工具"，代表了量子革命的新阶段。至今，这个曾经小众的领域已经发展出与量子调控和量子信息科技等密切相关的大领域。量子纠缠也是实现量子计算的基础，因为量子算法里普遍用到了量子纠缠态。因此量子纠缠在量子计算、量子模拟、量子通信、量子精密测量与传感等方面都扮演重要角色，是所谓第二次量子革命和量子技术新纪元的基础。另外，量子纠缠也是理解多体量子态的重要概念。21 世纪初，一些研究人员意识到[124]，量子纠缠概念除了在量子力学基本问题与量子信息之外，也可以用于传统的量子物理领域，比如凝聚态理论与量子场论。

参考文献

[1] 施郁.爱因斯坦在上海和日本[J].科学,2019,71(2):40-45.

[2] Einstein A. The Collected Papers of Albert Einstein：13[M].Princeton：Princeton University Press，2012.

[3] 施郁.爱因斯坦的奇葩诺奖[J].科学文化评论,2017,14(6):111-120.

[4] Einstein A. The Collected Papers of Albert Einstein：5[M].English Translation by Anna Beck. Princeton：Princeton University Press，Princeton，1995.

[5] Einstein A. Über einen die Erzeugung und Verwandlung des Lichtes betreffenden heurischen Gesichtspunkt[J]. Ann. Phys., 1905, 17：132-148.

[6] Einstein A. Eine neue Bestimmung der Moleküldimensiononen[J]. Ann. Phys., 1906, 19：289-305.

[7] Einstein A. Über die von der molekularkinetischen Theorie der Wärme geforderte Bewegung von in ruhenden Flüssigkeiten suspendierten Teilchen[J]. Ann. Phys., 1905, 17:549-560.

[8] Einstein A. Zur Elektrodynamik bewegter Körper[J]. Ann. Phys., 1905, 17：891-921.

[9] Einstein A. Ist die Trägheit eines Körper von seinem Energieinhalt abhängig？[J]. Ann. Phys., 1905, 18：639-641.

[10] Stachel J. Einstein's Miraculous Year：Five Papers that Changed the Face of Physics[M]. Princeton：Princeton University Press，1998.

［11］ Pais A. Subtle Is the Lord［M］. Oxford University Press，1982.

［12］ Planck M. On the Law of the Energy Distribution in the Normal Spectrum［J］. Annalen der Physik，
1901，4：553.

［13］ 施郁. 庆祝 2015 国际光之年、纪念早期量子论：从 2014 年诺贝尔物理学奖与化学奖谈起［J］.现代物
理知识,2015,27(1)：32-34.

［14］ Einstein A. Out of my later years［J］. British Journal for the Philosophy of Science,1952,3（9）：
92-93.

［15］ Stone A D. Einstein and The Quantum［M］. Princeton：Princeton University Press，2013.

［16］ A. Einstein，B. Podolsky，and N. Rosen，Can Quantum-Mechanical Description of Physical Reality
Be Considered Complete？［J］. Phys. Rev.，1935，47：777-780.

［17］ 施郁. 揭秘量子密码、量子纠缠与量子隐形传态［J］. 自然杂志,2016,38(4)：241-247.

［18］ Schrödinger E. Discussion of probability relations between separated systems［C］//Mathematical
Proceedings of the Cambridge Philosophical Society. Cambridge University Press，1935，31（4）：
555-563.

［19］ Schrödinger E. Die gegenwartige Situation in der Quantenmechanik［J］. Naturwissenschaften，
1935，23：807-812，823-828，844-849.

［20］ Bohr N. Can Quantum-Mechanical Description of Physical Reality be Considered Complete？［J］.
Phys. Rev.，1935，48：696-702 .

［21］ Bohm D. Quantum Theory［M］. New York：Prentice-Hall，1951.

［22］ Bohm D，Aharonov Y. Discussion of experimental proof for the paradox of Einstein，Rosen，and
Podolsky［J］. Physical Review，1957，108(4)：1070.

［23］ Wu C S，Shaknov I. The angular correlation of scattered annihilation radiation［J］. Physical
Review，1950，77(1)：136.

［24］ von Neumann J. Mathematische Grundlagen der Quantenmechanik［M］.Berlin：Springer，1932.

［25］ Bell J. On the Problem of Hidden Variables in Quantum Mechanics［J］. Rev. Mod. Phys.,1966，38：
447-452.

［26］ Bell J. On Einstien-Podolsy-Rosen Paradox［J］. Physics,1964，1：195-200.

［27］ Clauser J F，Horne M A，Shimony A，et al. Proposed experiment to test local hidden-variable
theories［J］. Phys. Rev. Lett.，1969，23：880.

［28］ Greenberger D M，Horne M A，Shimony A，et al.s theorem without inequalities［J］. Am. J. Phys.，
1990，58：1131.

［29］ Kocher C A，Commins E D. Polarization correlation of photons emitted in an atomic cascade［J］.
Phys. Rev. Lett.，1967，18：575.

［30］ Freedman S J，Clauser J F. Experimental test of local hidden-variable theories［J］. Phys. Rev.
Lett.，1972，28：938.

［31］ Aspect A，Grangier P，Roger G. Experimental tests of realistic local theories via Bell's theorem［J］.
Phys. Rev. Lett.,1981,47:460.

［32］ Aspect A，Grangier P，Roger G. Experimental realization of Einstein-Podolsky-Rosen-Bohm Gedankenexperiment：a new violation of Bell's inequalities［J］. Phys. Rev. Lett.，1982，49：91.

［33］ Aspect A，Dalibard J，Roger G. Experimental test of Bell's inequalities using time-varying analyzers［J］. Phys. Rev. Lett.，1982，49：1804.

［34］ Aspect A. Proposed experiment to test the nonseparability of quantum mechanics［J］. Phys. Rev. D，1976，14：1944.

［35］ Weihs G，Jennewein T，Simon C，et al. Violation of Bell's inequality under strict Einstein locality conditions［J］. Phys. Rev. Lett.，1998，81：5039.

［36］ Rauch D，Handsteiner J，Hochrainer A，et al. Cosmic Bell Test Using Random Measurement Settings from High-Redshift Quasars［J］. Physical Review Letters，2018，121(8)：080403.

［37］ Li M H，et al. Test of Local Realism into the Past without Detection and Locality Loopholes［J］. Physical Review Letters，2018，121(8)：080404.

［38］ Ou Z Y，Mandle L. Violation of Bell's Inequality and Classical Probability in a Two-Photon Correlation Experiment［J］. Phys. Rev. Lett.，1988，61：50-53.

［39］ Shih Y H. Alley C O. New Type of Einstein-Podolsky-Rosen-Bohm Experiment Using Pairs of Light Quanta Produced by Optical Parametric Down Conversion［J］. Phys. Rev. Lett.，1988，61：2921-2924.

［40］ Ou Z Y，Pereira S F，Kimble H J，et al. Realization of the Einstein-Podolsky-Rosen paradox for continuous variables［J］. Physical Review Letters. 1992，68(25)：3663-3666.

［41］ Tapster P R，Rarity J G，Owens P C M. Violation of Bell's Inequality over 4 km of Optical Fiber ［J］. Physical Review Letters，1994，73(14)：1923-1926.

［42］ Tittel W，Brendel J，Zbinden H，et al. Violation of Bell Inequalities by Photons More Than10 km Apart［J］. Physical Review Letters，1998，81(17)：3563-3566.

［43］ Kwiat P G，Mattle K，Weinfurter H，et al. New High-Intensity Source of Polarization-Entangled Photon Pairs［J］. Phys. Rev. Lett.，1995，75：4337.

［44］ Aspect A. Bell's inequality test：more ideal than ever［J］. Nature，1999，398：189-190.

［45］ Aspect A. Closing the Door on Einstein and Bohr's Quantum Debate［J］. Physics，2015，8：123.

［46］ Rowe M A，et al.，Experimental Violation of a Bell's Inequality with Efficient Detection［J］. Nature，2001，409：791.

［47］ Matsukevich D N，et al. Bell Inequality Violation with Two Remote Atomic Qubits［J］. Phys.Rev. Lett.，2008，100：150404.

［48］ Giustina M，et al. Bell Violation Using Entangled Photons without the Fair-Sampling Assumption ［J］. Nature，2013，497：227.

［49］ Christensen B G，et al. Detection-Loophole-Free Test of Quantum Nonlocality，and Applications ［J］. Phys. Rev. Lett.，2013，111：130406.

［50］ Giustina M，et al. Significant-Loophole-Free Test of Bell's Theorem with Entangled Photons［J］. Phys. Rev. Lett.，2015，115：250401.

［51］ Shalm L K，et al. Strong Loophole-Free Test of Local Realism［J］. Phys. Rev. Lett., 2015, 115：250402.

［52］ Hensen B，et al. Loophole-free Bell Inequality Violation Using Electron Spins Separated by 1.3 Kilometres［J］. Nature，2015，526：682.

［53］ Rosenfeld W，Burchardt D，Garthoff R，et al. Event-Ready Bell Test Using Entangled Atoms Simultaneously Closing Detection andLocality Loopholes［J］. Phys. Rev. Lett., 2017, 119：010402.

［54］ The BIG Bell Test Collaboration. Challenging local realism with human choices［J］. Nature，2018，557：212-216.

［55］ Leggett A J. Nonlocal Hidden-Variable Theories and Quantum Mechanics：An Incompatibility Theorem［J］. Found. Phys.,2003，33：1469.

［56］ Shi Y，Yang J. Particle physics violating crypto-nonlocal realism［J］. European Physical Journal C，2020，80：861.

［57］ Shi Y. Prof. C. N. Yang and Quantum Entanglement in Particle Physics// Ge M L，Oh C H，Phua K K. Proceedings of the Conference in Honor of C N Yang's 85th Birthday［M］. Singapore：World Scientific，2008：521.

［58］ Wheeler J. Polyelectrons［J］. Ann. N.Y. Acad. Sci.,1946，48：219-238.

［59］ Pryce M H L，Ward J C. Angular correlation effects with annihilation radiation［J］. Nature，1947，160：435.

［60］ Snyder H，Pasternack S，Hornbostel J. Angular correlation of scattered annihilation radiation［J］. Phys. Rev.,1948，73：440-448.

［61］ Ward J C. Memoirs of a Theoretical Physicist［M］. New York：Optics Journal，2014.

［62］ Dombey N. John Clive Ward［J］. Biographical Memoires of Fellows of Royal Society，2021，70：419-440.

［63］ Dalitz R H，Duarte F J. John Clive Ward［J］. Physics Today，2000，53(10)：99.

［64］ 施郁.诺奖委员会的错误："幽灵粒子"中微子是如何现身的［J］.科学,2019,71(5)：46-49.

［65］ Shi Y. Clarification of early history of neutrino［J］. Mod. Phys. Lett. A，2016，31：1630043.

［66］ Lee T D，Yang C N. Statistical theory of equations of state and phase transitions. Ⅱ. Lattice gas and Ising model［J］. Phys. Rev.,1952，87（3）：410-419.

［67］ Yang C N. Selected Papers(1945—1980) With Commentary［M］. San Francisco：W. H. Freeman and Company，1983.

［68］ 施郁.科学的守护者：斯蒂文·温伯格［J］.低温物理学报,2022,44：251-262.

［69］ Oppenheimer J，Snyder H. On Continued Gravitational Contraction［J］. Phys. Rev., 1939，56：455.

［70］ Snyder H. Quantized space-time［J］. Physical Review，1947，67（1）：38-41.

［71］ Yang C N. On Quantized Space-Time［J］. Phys. Rev.,1947，72：874.

［72］ Courant E D，Livingston M S，Snyder H S. The Strong-Focusing Synchrotron：A New High Energy Accelerator［J］. Physical Review., 1952，88（5）：1190-1196.

［73］ Courant E D，Snyder H S. Theory of the alternating-gradient synchrotron［J］. Annals of Physics.,

1958，3（1）：360-408.

[74] Crease R P, Mann C C. Second Creation[M]. New Jersey：Rutgers University Press，1986.

[75] Brown L，Hoddeson L. The Birth of Particle Physics[M]. Cambridge：Cambridge University Press，1983.

[76] Goudsmit S A. Simon Pasternack[J]. Physics Today，1976，29（4）：87.

[77] Wu C S，Shaknov I. The Angular correlation of scattered annihilation radiation[J]. Phys. Rev.，1950，77：136.

[78] Yang C N. Selection Rules for the Dematerialization of a Particle into Two Photons[J]. Phys. Rev.，1950，77：242.

[79] Schrödinger E. Probability relations between separated systems[J]. Mathematical Proc. Cambridge Phil. Soc.，1936，32：446-452.

[80] Furry W H. Note on the Quantum-Mechanical Theory of Measurement[J]. Phys. Rev.，1936，49：393.

[81] Furry W H. Remarks on Measurements in Quantum Theory[J]. Phys. Rev.，1936，49：476.

[82] Yang C N. C. S. Wu's contributions：A Retrospective in 2015[J]. Int. J. Mod. Phys. A，2015，30：1530050.

[83] Bromberg J. A. Shimony interview[J]. American Institute of Physics，2002.

[84] Clauser J F，Horne M A，Shimony A，et al. Proposed Experiment to Test Local Hidden-Variable Theories[J]. Phys. Rev. Lett.，1969，23：880.

[85] Clauser J F. Early History of Bell's Theorem[M]// Bertlmann R，Zeilinger A. Quantum [Un]speakables：From Bell to Quantum Information. Berlin：Springer，2002.

[86] Wick D. The Infamous Boundary Seven Decades of Heresy in Quantum Physics[M]. New York：Springer，1998.

[87] Kasday L R，Ullman J D，Wu C S. Angular correlation of Compton-scattered annihilation photons and hidden variables[J]. Il Nuovo Cimento B（1971—1996），1975，25：633-661.

[88] Lamehi-Rachti M，Mittig W. Quantum mechanics and hidden variables：A test of Bell's inequality by the measurement of the spin correlation in lovv-energy proton-proton scattering[J]. Phys. Rev. D，1976，14：2543-2555.

[89] Lee T D，Yang C N. Question of Parity Conservation in Weak Interactions[J]. Phys. Rev.，1956，104：254-258.

[90] 施郁. 物理学之美：杨振宁的科学贡献[J]. 低温物理学报，2022，44：1-32.

[91] Lee T D，Oehme R，Yang C N. Remarks on possible noninvariance under time reversal and charge conjugation[J]. Phys. Rev.，1957，106（2）：340-345.

[92] Gell-Mann M，Pais A. Behavior of Neutral Particles under Charge Conjugation[J]. Phys. Rev.，1955，97：1387.

[93] Goldhaber M，Lee T D，Yang C N. Decay Modes of a（$\theta + \theta^-$）System[J]. Phys. Rev.，1958，112：1796.

［94］ Inglis D R. Completeness of Quantum Mechanics and Charge-Conjugation Correlations of Theta Particles［J］. Rev. Mod. Phys.，1961，33：1．

［95］ Day T B. Demonstration of Quantum Mechanics in the Large［J］. Phys. Rev.，1961，121：1204．

［96］ Shi Y. High energy quantum teleportation using neutral kaons［J］. Physics Letters B，2006：75-80．

［97］ Jammer M. The philosophy of Quantum Mechanics：The interpretations of Quantum Mechanics in historical perspective［M］. New York：John Wiley and Sons，1974．

［98］ Lee T D. Are black holes black bodies？［J］. Nuclear Physics B，1986，264：437-486．

［99］ Bell M，Gottfried K，Veltman M. John S Bell on the Foundations of Quantum Mechanics［M］. Singapore：World Scientific，2001．

［100］ 施郁. 量子信息、量子通信和量子计算释疑［J］. 现代物理知识，2016，28（6）：19-21．

［101］ 施郁. 量子计算、量子优势与有噪中程量子时代［J］. 自然杂志，2020，42（4）：295-300．

［102］ 施郁. 通向量子计算和量子信息之路［J］. 世界科学，2020（4）：10-12．

［103］ Wootters W K，Zurek W H. A single quantum cannot be cloned［J］. Nature，1982，299：802-803．

［104］ Dieks D. Communication by EPR devices［J］. Physics Letters A，1982，92（6）：271-272．

［105］ Bennett C H，Brassard G，Crépeau C，et al. Teleporting an unknown quantum state via dual classical and Einstein-Podolsky-Rosen channels［J］. Physical Review Letters，1993，70（13）：1895．

［106］ Bouwmeester D，Pan J W，Mattle K，et al. Experimental quantum teleportation［J］. Nature，1997，390：575-579．

［107］ Boschi D，Branca S，De Martini F，et al. Experimental realization of teleporting an unknown pure quantum state via dual classical and Einstein-Podolsky-Rosen channels［J］. Physical Review Letters，1998，80（6）：1121．

［108］ Zukowski M，Zeilinger A，Horne M A，et al. "Event-ready-detectors" Bell experiment via entanglement swapping［J］. Physical Review Letters，1993，71（26）：4287．

［109］ Pan J W，Bouwmeester D，Weinfurter H，et al. Experimental entanglement swapping：entangling photons that never interacted［J］. Physical Review Letters，1998，80（18）：3891．

［110］ Liao S K，Cai W Q，Liu W Y，et al. Satellite-to-ground quantum key distribution［J］. Nature，2017，549（7670）：43-47．

［111］ Bennett C H，Brassard G. Quantum cryptography：Public key distribution and coin tossing［J］. Proceedings of IEEE International Conference on Computer System and Signal Processing，1984：175．

［112］ Ren J G，Xu P，Yong H L，et al. Ground-to-satellite quantum teleportation［J］. Nature，2017，549：70-73．

［113］ Yin J，Cao Y，Li Y H，et al. Satellite-based entanglement distribution over 1200 kilometers［J］. Science，2017，356：1140-1144．

［114］ Liao S K，Cai W Q，Handsteiner J，et al. Satellite-relayed intercontinental quantum network［J］. Physical Review Letters，2018，120（3）：030501．

［115］ Lu C Y，Cao Y，Peng C Z，et al. Micius quantum experiments in space［J］. Rev. Mod. Phys.，

2022，94(3)：035001.

[116] Ekert A K. Quantum cryptography based on Bell's theorem[J]. Physical review letters，1991，67(6)：661.

[117] Ursin R，Tiefenbacher F，Schmitt-Manderbach T，et al. Entanglement-based quantum communication over 144 km[J]. Nature Physics，2007，3(7)：481-486.

[118] Nadlinger D P，Drmota P，Nichol B C，et al. Experimental quantum key distribution certified by Bell's theorem[J]. Nature，2022，607(7920)：682-686.

[119] Zhang W，van Leent T，Redeker K，et al. A device-independent quantum key distribution system for distant users[J]. Nature，2022，607：687-691.

[120] Liu W Z，Zhang Y Z，Zhen Y Z，et al. Toward a photonic demonstration of device-independent quantum key distribution[J]. Physical Review Letters，2022，129(5)：050502.

[121] Bennett C H，Brassard G，Mermin N D. Quantum cryptography without Bell's theorem[J]. Physical Review Letters，1992，68(5)：557.

[122] Yin J，Li Y H，Liao S K，et al. Entanglement-based secure quantum cryptography over 1,120 kilometres[J]. Nature，2020，582：501-505.

[123] Li B，et al. Quantum State Transfer over 1200 km Assisted by Prior Distributed Entanglement[J]. Phys. Rev. Lett.，2022，128(17)：170501.

[124] Shi Y. Quantum Entanglement in Many-Particle Systems[J]. arXiv：quant-ph/0204058.

对量子叠加态的理解

李承睿　刘泽轩　古粤友　吴嘉南

提及量子力学，或许你并不了解，但是你一定在各种报道、文章、诺贝尔物理学奖的关键词中见到过这个名词。你或许觉得量子力学与我们的日常生活相去甚远，但实际上老师上课使用的激光笔，我们生活中使用的手机、电脑都与量子力学有关。不仅如此，量子技术在未来科技中发挥重要作用，例如量子计算机、量子通信……

随着世界进入大数据时代，人们在日常生活中产生的数据将会呈指数级增长，随之产生的运算需求也会爆炸性增长，这给量子计算领域的技术突破提出了迫切需求。

在当今信息科学技术发展势态下，"量子"一词俨然屹立于各大领域的潮头。与此同时，"量子水""量子针灸""量子鞋垫""量子速读"等和量子毫无关系的虚假营销也应运而生，因此，对"量子"进行准确认知十分有必要。接下来我们将对"量子叠加"进行浅析，通过介绍量子叠加的原理和实验现象，帮助大家更好地了解量子效应。

我们或多或少了解过"薛定谔的猫"这一物理模型，但相信不少读者仍对这种神奇生物的存在嗤之以鼻。巨擘牛顿曾拿着经典力学的苹果向世人这样论述："只要知道速度、加速度等经典信息，任意时刻的信息都将会是确定的，位移、方向、速度都是如此。"相信大多数人都会倾向于站在那株神奇的苹果树下思考问题，而不愿意陪着薛定谔的猫看看这世界。但随着"以太漂移"与"黑体辐射"这两朵"乌云"的横空出世，沉湎于经典力学的行为俨然只是南柯一梦。

与牛顿物理观点不同，量子力学观点认为我们的世界是由大量随机性事件组成的，例如原子核衰变的发生、光的偏振方向。我们以薛定谔的猫来理解量子世界的随机性。如图1所示，薛定谔的猫放置在具有放射性源的盒子中内，放射性源衰变发射的射线会触发盒内机关将猫杀死。放射性源的衰变概率与时间有关，所以在盒子未打开时，猫有一定的概率是活的，也有一定概率是死的，猫处于既活又死的叠加状态。

在众多开启量子力学大门的实验中，级联斯特恩-盖拉赫实验就是一个声名远扬的实验。假设现在有一个磁场，我们让银原子通过磁场，银原子就会发生偏转，不同自旋会

＊　本文在量子科普作品评优活动中获图文组二等奖。

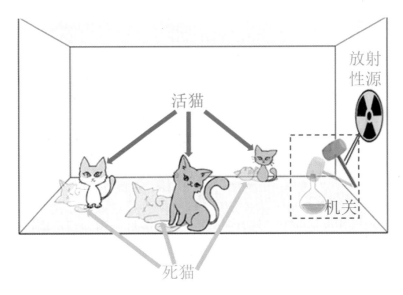

图 1 薛定谔的猫死与活的随机性

有不同的偏转方向。我们约定,如果银原子向上偏转,就说它自旋向上;如果银原子向下偏转,就说它自旋向下。现在我们发射一个银原子,利用磁场选择自旋向上的银原子,这就相当于对银原子(拟人化称为小银同学)进行了一场选拔。我们选中了自旋向上的 A 类小银同学,认为他笔试做得非常好,具备下一轮测试的资格;挡住自旋向下的银原子 B 类小银同学,我们认为他不够优秀,便把他筛选掉了。

紧接着,我们进行第二场测试即更换另外一个磁场,这一次我们打算进行面试,选拔出积极开朗的小银同学。我们安排 A 类小银同学面试,选择积极开朗的 C 类小银同学(自旋向上的银原子),然后遗憾地对剩下那些没通过的 D 类小银同学表达了遗憾。到目前为止,你满心欢喜地告诉我们你选出了出类拔萃的小银同学。哦,你感谢了最为公正的磁场。但是如果你继续将筛选出的精英放入同样的磁场,你会发现它又一次分裂了,如图 2 所示。

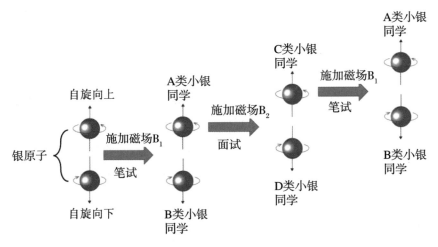

图 2 级联斯特恩-盖拉赫实验

你感到非常地震惊,为什么筛选完的小银同学经过同样的测试却有着天壤之别的结果。好学生难道一夜之间变成了初试都通不过的坏学生?你当然可以质疑裁判,但是这个裁判是磁场,你怎么可能质疑一个兢兢业业工作的磁场!

随着研究的深入,人们逐渐意识到,微观世界和宏观世界有着巨大的差异,或许进入微观世界探险之前,我们得戴上全新的眼镜。量子力学告诉我们,量子态是可以叠加的,它在被测量时表现出随机性,所以我们就可以理解薛定谔的猫为什么是"半生半死"的了,有 50% 的概率衰变导致猫的死亡,你可以将其理解为半个死猫和半个活猫的矢量叠加,而当你打开盒子的那一刻,也就是粒子被观测的那一刻,它瞬间塌缩成了一个确定的状态。现有的主流观点(哥本哈根解释)认为随机事件中的粒子在被观测之前,处于所有可能表现出的状态的叠加状态。当它被观测时,叠加态才塌缩成某一确定状态。

在量子计算中,一个叠加态中的粒子被称作一个量子比特。当两个量子比特发生纠缠时,由于一些规则(动量守恒,角动量守恒,能量守恒),两个粒子的叠加态相互联系,当一个粒子的叠加态塌缩时,另一个也发生塌缩。

我们可以做一个假想,刘备和关羽带兵分两路攻打魏国,他们事先知道魏国的主将是曹操和夏侯惇。在两军相遇之前,关羽无法预测与自己对阵的主将是谁,但是当刘备看到曹操的那一刻,他便知道关羽会和夏侯惇相遇了,如图 4 所示。我们的比喻可能不那么恰当,但是这能表现出粒子测量的特性,在我们测量的这一刻,量子态便已经确定了。

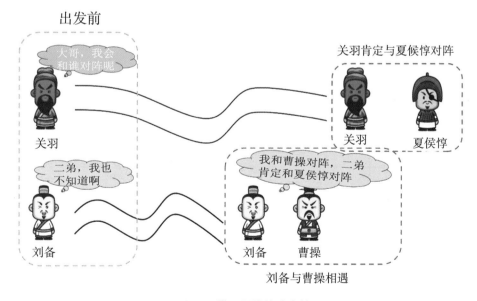

图 4　量子塌缩的确定性

延迟选择！量子擦除！
双缝干涉实验的"真相"

郭苏楠

20 世纪中叶，先前的波动力学已经逐步让位给了后来的量子场论。但是量子力学中那诡异的"波动性"，却始终萦绕在每一个物理学家脑中。

一、波动性与双缝干涉实验

说到波动性，托马斯·杨的"杨氏双缝实验"我们都很熟悉了。凭借这一实验，牛顿的光的"微粒说"险些被抛弃。不过这个实验仍然属于经典力学实验，用的是一束光，而非单个光子。

为了验证单个光子是否也具有波动性，早在 1909 年，杰弗里·泰勒首次设计并完成了单光子的双缝干涉实验。但是正如当时的用词是"feeble light"，所以严格来说，这个实验用的是"弱光源"，而非严格意义上的单光子源（图 1）。

Interference fringes with feeble light. By G. I. TAYLOR, B.A., Trinity College. (Communicated by Professor Sir J. J. Thomson, F.R.S.)

[*Read 25 January 1909.*]

The phenomena of ionisation by light and by Röntgen rays have led to a theory according to which energy is distributed unevenly over the wave-front (J. J. Thomson, *Proc. Camb. Phil. Soc.* XIV. p. 417, 1907). There are regions of maximum energy widely separated by large undisturbed areas. When the intensity of light is reduced these regions become more widely separated, but the amount of energy in any one of them does not change; that is, they are indivisible units.

图 1　杰弗里·泰勒的单光子双缝干涉实验

不管是一束光还是单个光子，光具有波动性还不足为奇，人们更好奇的是德布罗意说的那种物质的波动性。作为有质量的粒子，电子就是一个非常适合用来做实验的"物

＊　本作品在量子科普作品评优活动中获视频组特等奖。

质粒子"。

1961年，图宾根大学的克劳斯·约恩松提出了一种单电子的双缝干涉实验。后来1974年，皮尔·梅利等人用制备的单电子源，第一次做成了单电子的双缝干涉实验。随着一个个电子打在屏幕上，慢慢地，一幅具有干涉条纹特征的图像出现在了人们面前。这一切预示着：电子似乎真的同时通过了两条狭缝，自己和自己发生了干涉（图2）。

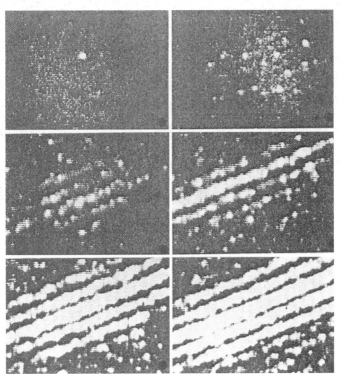

图2　单电子双缝干涉实验的干涉条纹

1979年，在纪念爱因斯坦诞辰100周年的研讨会上，善于开脑洞的惠勒，提出了著名的"延迟选择实验"的构想：如果我们在粒子"同时"通过两条狭缝，甚至是打在了屏幕上之后，再通过某种特殊的方式，获知了粒子究竟走了哪条缝，那么屏幕上的干涉条纹还会存在吗？

1982年，又有物理学家在先前实验的基础上提出了新的点子：如果我们通过某种方式，把粒子走了哪条缝的"路径信息"（Which Way Information，WWI）再给抹掉，情况又会怎么样呢？这就是后来的"量子擦除实验"。

二、延迟量子擦除实验

双缝干涉实验的"变种"有很多，这里我们借助最具代表性的，1999年由Kim等人设计完成的"延迟量子擦除实验"（delayed choice quantum eraser），来详细探究下这个号称历史上"最诡异",甚至说是"颠覆了因果律"的单粒子双缝干涉实验。搞懂了这个实验,相信你以后再看其他类似实验,都能看透其中的奥秘。

在解释这个实验之前,我们先用平时常见的、比较"吓人"的方式,来大致介绍下整个实验过程(图3)。

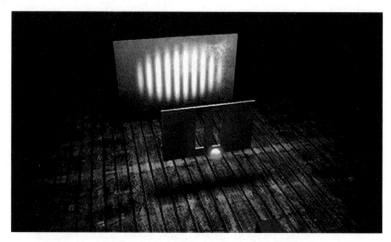

图3 量子尺度下粒子通过双缝接收屏上的干涉条纹

在经典力学里,当一个小球通过两个狭缝时,它只可能选择其中之一通过,所以狭缝后的接收屏上出现两片痕迹,这很正常也是很合逻辑的。注意一点,如果两片痕迹挨得很近,那么真实的图像看起来很可能是一大片印记。

但是同样的场景如果缩小到量子尺度,把小球换成光子、电子这样的微观粒子,那么实验结果将截然不同:接收屏上出现了很规律的干涉条纹。

出现了干涉,按通常理解需要存在两个"东西",但是粒子是一个个发射的呀,下一个粒子是在上一个粒子已经到达接收屏后才发出的,所以干涉肯定不是不同粒子之间的行为。

这就是实验的第一个诡异之处:粒子似乎像有分身术一样,它同时穿过了两条狭缝,自己和自己发生了干涉。

为了搞清楚这个粒子到底有没有真的使用"分身术",我们在狭缝处放置一个探测器,看一看它究竟会通过哪条狭缝。但是实验结果是:当打开探测器后,粒子就随机选一个狭缝通过,接收屏上也不再有干涉条纹;而探测器一旦关闭,粒子似乎再次同时通过两个狭缝,干涉条纹又回来了(图4)。

这就是第二个诡异之处:粒子似乎知道自己被观察了,它会借此改变自己接下来的行为方式。

为了不让粒子提前做决定,这次我们把探测器放在狭缝后面,让粒子先通过狭缝,我们再看它是从哪个狭缝过来的。实验结果是:粒子的行为和之前一样,仍然是开了探测器就走其中一条缝,不开那就同时走两条缝。

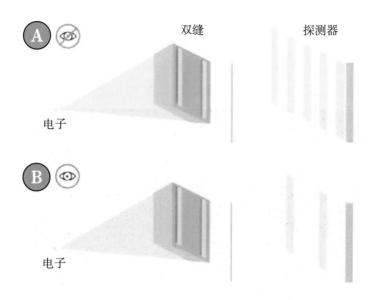

图 4 无观测和有观测下粒子通过狭缝的情况

这是第三个诡异之处，也是大家认为这一系列实验最"恐怖"的地方：粒子不但知道自己此刻有没有被观察，它还能"预测"自己未来是否会被观察。或者也可以说：它在知晓自己被观察后，竟然能够改变自己过去的行为。难道真的可以穿越时空修改历史？因果律真的被颠覆了吗？

三、现实中的单光子双缝实验

上面介绍的实验过程可以说还只是思想实验。对它有了大致印象以后，我们再来看看现实中真正的单光子双缝实验究竟是怎么样的。

首先，真实实验中的单光子源以及双缝，都和前面设想的差不多。不同的地方是，思想实验中的那个探测器，并不是像个摄像头一样可以直接"看"到粒子的行为。因为你要探测一个粒子的话，势必会影响到它，所以我们的探测最好能在不影响它原本行为的情况下进行。

这可能吗？还真能！

光学实验中有一个设备叫作 BBO 晶体，它的作用是吸收一个光子，并产生一对能量减半的纠缠光子。我们把 BBO 晶体放置在双缝的后面，这样原先那个通过狭缝的光子就会进入 BBO 晶体，然后变成了两个相互纠缠的光子。由于这两个光子处于量子纠缠状态，所以我们只需要用探测器探测这对纠缠光子中的一个就行了，这个光子我们叫它标记光子（idler photon），而另一个光子则让它正常打到接收屏上即可，我们叫它信号光子（signal photon）。

如此一来,如果探测器 A 收到光子,那么说明最初的光子是从 a 缝过来的;如果探测器 B 收到光子,则说明光子是从 b 缝过来的。当然,如果两个探测器都有信号,那意味着光子确实同时经过了两条缝。实验结果和之前设想的一样:只要 A、B 两个探测器存在,那么光子就始终只会通过一个狭缝,接收屏 X 也不会出现干涉图样(图 5)。

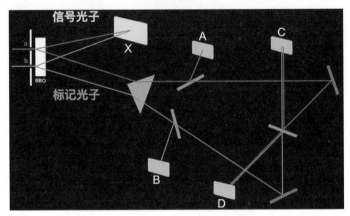

图 5　现实中的双缝干涉实验

如果标记光子不被探测器 A 和 B 接收,而是继续往后走,一直走到探测器 C 和 D 之间的那个半反半透镜上。对于单个光子来说,它有一半的概率通过这个半反半透镜,一半的概率被透镜反射。所以无论是从 a 缝过来的标记光子(也就是红色路径),还是从 b 缝过来的(也就是蓝色路径),它们最终都会被探测器 C 或 D 接收。

全同粒子那期我们说过,根据全同粒子的特性,射向探测器 C 和 D 的光子我们无法区分其来源。(注意:这里是真的无法区分,并不是技术问题。)这意味着我们"擦除"掉了光子先前的路径信息,相当于是关掉了摄像头,于是干涉图样又回来了。

甚至我们可以人为地把标记光子的路径设置得足够长,长到信号光子打到接收屏 X 之后,再决定标记光子怎么走。但是最终,实验结果和之前推测的一样,丝毫不受影响。

但是注意,重点来了:在实际的实验过程中,接收屏 X 上并不会直接呈现出大家想象的那种干涉条纹,而始终只会呈现出一大片经典光斑(图 6)。

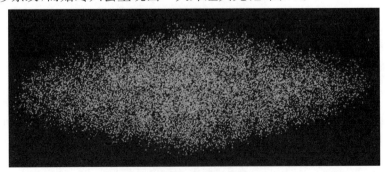

图 6　接收屏上的经典光斑

我们说它出现干涉图样,那是结合了探测器 C 或者 D 的数据后才得到的结果(图 7,图 8)。记住:是结合了探测器数据后的结果！这点非常重要！

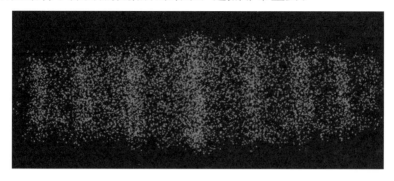

图 7 结合探测器 C 的数据接收屏上的干涉图样

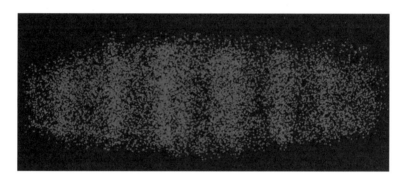

图 8 结合探测器 D 的数据接收屏上的干涉图样

再说具体点:当我们按照探测器 C 接收到的光子信息,把与之对应的那些信号光子形成的光斑从接收屏 X 上提取出来后,我们才会看到干涉图样。转换成坐标图的话,波峰的地方就是亮条纹,波谷的地方就是暗条纹(图 9)。

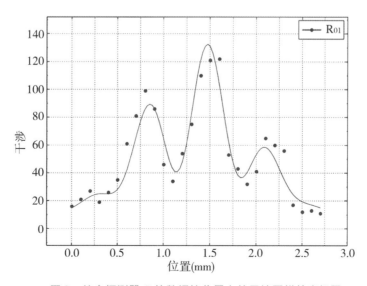

图 9 结合探测器 C 的数据接收屏上的干涉图样的坐标图

同理,如果把探测器 D 的信息对应的光斑提取出来后,图像也是一个由多个波峰组成的干涉图案(图 10)。

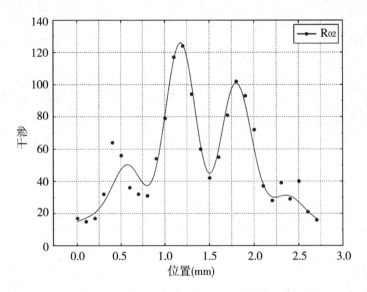

图 10　结合探测器 C 的数据接收屏上的干涉图样的坐标图

但是这两幅图像正好错了半个波长,每一幅的波峰都正好和另一幅的波谷重合。而当我们把两个图像叠加在一起后,由于波峰和波谷重叠,最终只会呈现出一个大的波峰(图 11)。

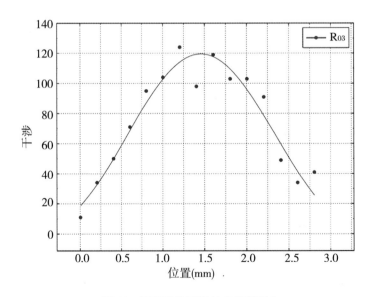

图 11　两幅干涉图样的坐标图叠加

它对应的正好就是我们在接收屏 X 上直接看到的那个没有干涉的一大片光斑(图 12)。

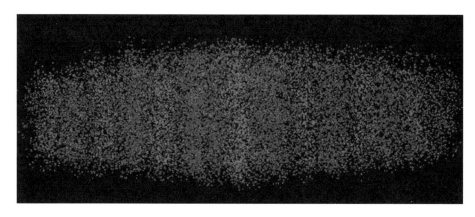

图 12　接收屏上没有干涉的一大坨光斑

如果我们选择不擦除路径,让标记光子直接走到前面两个探测器 A、B 上,那么最终提取出来的图像,无论是分开的还是叠加后的,都只会有一个大的波峰,也就是没有出现干涉(图 13)。

图 13　不擦除路径情况下提取出的图像

四、双缝干涉实验的"真相"

所以真相是什么? 真相是:接收屏 X 上的光斑从始至终都没有发生过任何变化,变化的是我们对它的"解释"!

这句话怎么理解? 关键在于量子纠缠。

由于信号光子和标记光子处于纠缠态,对于这对纠缠光子来说,组合起来才是完整的个体。如果用"互补原理"的话说就是:这对纠缠光子是最初那个光子的两个面儿,如果要描述最初那个光子的行为,这两个纠缠光子的情况你必须都要考虑到。

假如我们把排除了标记光子后的部分作为一个孤立系统,那么对于系统中的接收屏 X 来说,它的信息是不完整的。但是事情的整个过程,却是包含了后面探测器接收标记光子部分的。这个实验人们之所以觉得"诡异",关键就在于我们用了不完整的信息来解释一件原本完整的事情。

可是,难道一切都只是量子纠缠惹的祸? 那假如真的能找到一种不需要依靠量子纠缠，完全像思想实验说的那样直接对原始光子进行探测的方法，那又该如何解释呢？

其实不管是现实实验中的探测器，还是思想实验中的摄像头，在我们探测到光子之前，光子的波函数还没有塌缩，所以它根本就没有表现出粒子特性。光子一直都是像费曼的路径积分说的那样，同时走了所有路径，自然也包括那两条缝。我们说它是从哪条缝过来的，这完全是根据此刻光子表现出的粒子特性，自己脑补出来的路径而已。

所以，光子并没有改变历史，未来也不会决定现在，它只是在帮助我们讲述过去的故事罢了。

挑战拉普拉斯妖的量子随机数发生器

李宸旭

人类对随机性的需求贯穿着生活的方方面面。在棋牌游戏中，我们需要随机洗好的扑克牌，需要质地均匀的骰子和硬币，来保证游戏的公平性。在互联网上，我们需要不可被预测的随机数来生成网站的验证码、银行提供的 PIN 码，以及一次性密码来保证信息的安全性。在科学计算中，我们需要统计性质足够好的随机数来帮助我们进行蒙特卡洛模拟，从而实现对天气、金融和生态等复杂系统进行计算和预测。

随机性也是少有的能够同时引起各个领域专家兴趣的话题。数学家们通过随机性建模来深入探索概率论和统计学；计算机科学家和密码学家则专注于利用随机性设计更优秀的算法和密码系统；哲学家们则探讨随机性背后的深层哲学特性，如决定论与自由意志的关系等。

我将主要从物理学和量子信息科学的角度来聊一聊"如何产生随机性"这个问题。我们将会看到，对这一问题的回答不仅能够触及量子物理的核心，还能够导向一项重要的，已经走向实用化的量子技术——量子随机数发生器（quantum random number generator）。

一、什么是随机数？

随机数（random numbers）是具有随机性的数。如果你抛一枚公平硬币多次，并将正面记为 1，反面记为 0，得到的序列（比如 100110101…）通常被认为是一组随机数。

然而，随机数并没有一个公认的严格定义。但这并不意味着我们不能描述随机数列应具备的特性。一组理想的随机数至少应具备以下几个特征：

（1）计意义上均匀分布。比如说，如果每个随机数有 N 种取值，那每种取值的概率应当为 $1/N$。

（2）不可预测。知道了随机数序列的部分信息对预测其他部分的信息没有帮助。

---

* 本文在量子科普作品评优活动中获图文组二等奖。

（3）不可复制。即使使用了相同的参数，所产生的随机数也不会完全相同。

这些特征强调了理想的随机数序列中不应有任何周期性或者隐藏的规律。如果有人试图预测下一个随机数的取值，不管他拥有多少已知信息或计算能力，他所能做的最好尝试只能是随机猜测。这样的理想随机数也被称为真随机数（true random numbers），它拥有着信息论可证明的安全性。

换句话说，真随机数的良好统计性质和不可被预测的特性让它成为了现代计算机科学和信息安全等领域的关键部分。如何生成这样理想的真随机数一直是人们想要努力研究并解决的问题。

二、如何产生随机数？

目前主流的随机数应用都是由伪随机数发生器（pseudo random number generators）产生的。Python，Matlab 等编程语言中自带的随机数生成函数便是基于伪随机数发生器而编写的。伪随机数的产生通常基于确定的数学算法，从一个随机种子出发（例如系统此刻的时间戳），通过有限的操作步骤，便能以极高的产生速率来生成伪随机数序列。这些序列和真随机数序列有相似的统计特征，但是由于产生随机数的算法是确定的，在算法和种子被窃听者获取的情况下，窃听者是可以在有限时间内将生成的随机数还原的。除此之外，由有限步骤构成的算法注定无法完全消除生成序列中的相关性，即使窃听者只知道随机数发生器的部分信息，也有办法通过计算来获取其余部分的信息。

归根结底，伪随机数算法之所以"伪"，是因为它在使用一个完全确定的算法，来把较短的随机种子序列扩展成较长的输出序列。密码学家已经证明，此时输出序列中的随机性一定不会超过种子序列中的随机性。因此，尽管输出序列可能看起来像真随机数，但它们永远只能模仿，而不能真正等同于真随机数。冯·诺依曼针对伪随机数发生器进行过一针见血的评论："任何希望利用确定性方法来产生随机数的人都生活在原罪当中。"

既然数学算法的方式无法得到真随机数，研究者们开始把目光转向物理世界，想要从自然界中的随机信号中进行采样来生成随机数，从而设法把我们从"原罪"中解放出来。这便是物理随机数发生器（physical random number generator）的基本想法。

不过下一个问题就是，自然界中是否存在着真随机性呢？

三、经典物理中的随机性

在经典物理学中，物体的运动由一系列确定性的方程给出。给定了系统的初始状态,我们就可以计算出它任意时刻的状态。简单地说,如果知道了系统在某一时刻的所有信息,就可以推断出其在任意时刻的所有信息。

作为经典物理学的杰出人物,以及概率论的奠基人之一,拉普拉斯在他的《概率的哲学随笔》中写道[1]:

"我们可以把宇宙现在的状态看作是它过去的结果和它未来的原因。有这样一个智者(图1),在某一时刻,他知道使自然运动的所有的力,以及构成自然的所有元素的所有位置(笔者按:还需要知道它们的速度),如果这个智者足够强大,他能把宇宙中最大物体的运动和最微小原子的运动都包含在一个公式里。对于这样的智者来说,没有什么是不确定的,未来就像过去一样呈现在他的眼前。"

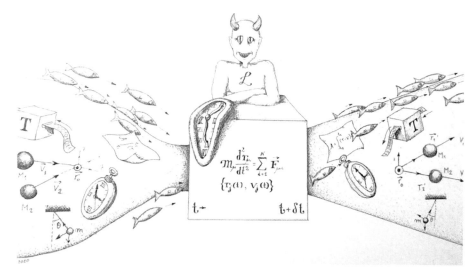

图1　拉普拉斯所描述的智者,也就是后人口中的"物理学四大神兽"之一的拉普拉斯
　　　妖。只要它拥有着无限强的计算能力和对宇宙无限精确的了解,那么它就可以
　　　预言宇宙的全部未来

这种机械决定论的想法不但把造物主的干预从物理理论中驱逐,同时还否认了概率和随机现象的客观存在性。拉普拉斯认为,客观的随机事件并不存在,概率仅仅是人们由于信息不足而导致的主观现象。

让我们通过抛硬币这个例子来具体理解。抛硬币一直被认为是生活中生成随机数的良好手段。然而,如果我们真的从力学定律出发对其进行精确建模,原则上,其结果同样是可以预测的。比如在研究[2]中,研究者们便制造了一台能够精确控制抛硬币参数的机器,从而能够确保抛出的硬币总是正面朝上。

而在实际生活中,由于我们无法精确地控制抛出硬币的速度、角度等参数,或者说对这些参数的信息掌握不足,因此会观察到正面/反面的比例接近1∶1,使我们相信抛硬币是一个随机事件,其中正面/反面等概率出现。

总而言之，在经典物理中，随机性和概率都是"外在"的现象，它仅仅是由于我们所掌握的信息不足而产生的主观效应。我们习以为常的随机现象，在知道了足够多的信息之后就会变成具有确定性的物理过程。这一结果暗示着，利用经典物理中的随机事件所产生的随机数仍然有瑕疵。只要窃听者获取信息和计算的能力足够强（比如，窃听者具备拉普拉斯妖般的能力），那么这些随机数在他眼中就变得可以预测。

四、量子物理中的随机性

量子力学中最奇妙的地方之一在于，物理系统的两个不同状态的叠加也是一个系统可能处在的状态——量子叠加态。最广为人知的例子便是薛定谔的猫，在这个思想实验中，猫活着的状态用 $|\text{Alive}\rangle$ 来描述，猫死亡的状态用 $|\text{Dead}\rangle$ 来描述，而在薛定谔的箱子当中，猫处于状态 $\frac{1}{\sqrt{2}}|\text{Alive}\rangle + \frac{1}{\sqrt{2}}|\text{Dead}\rangle$。

测量也是量子力学中最奇妙的地方之一。在经典物理中，测量行为就是简单地读出系统的某些参数，比如读出粒子的位置、速度等物理量。然而在量子物理中，如果在叠加态 $\frac{1}{\sqrt{2}}|\text{Alive}\rangle + \frac{1}{\sqrt{2}}|\text{Dead}\rangle$ 上进行测量，那么得到的结果会是完全随机的：我们会发现这个态有 $\left(\frac{1}{\sqrt{2}}\right)^2 = \frac{1}{2}$ 的概率会变成 $|\text{Alive}\rangle$，有 $\left(\frac{1}{\sqrt{2}}\right)^2 = \frac{1}{2}$ 的概率会变成 $|\text{Dead}\rangle$！

这一过程（在主流的量子力学诠释中）被称为塌缩，因为看起来就好像是量子态"坍塌"到了测量的结果上一样。

这里便有了和经典物理大相径庭之处。因为这一结果相当于是在说：即使我们知道了"系统处于叠加态 $\frac{1}{\sqrt{2}}|\text{Alive}\rangle + \frac{1}{\sqrt{2}}|\text{Dead}\rangle$"这个事实，即知道了这个系统的全部信息，在真正进行观测的时候得到什么结果仍然是一个随机事件。

让我们通过一个故事来说明。薛定谔邀请拉普拉斯妖到他的家中来玩一个游戏，游戏是这样进行的：他将一只活猫放在箱子里，然后抛一枚硬币决定接下来做的事情。如果硬币正面朝上，那么薛定谔不进行任何操作，猫会保持活着的状态。如果硬币反面朝上，那么薛定谔启动设备，将猫的状态变成生和死的叠加态。然后薛定谔让拉普拉斯妖回答猫的死活，并打开箱子进行检查。

知晓了一切信息的拉普拉斯妖早已知道薛定谔抛出硬币时的各种参数，从而早已计算出抛出的硬币将会以反面朝上落地，也早已知道猫将会处在叠加态，但是它的计算也到此为止了。不论它知道多少信息，有多强的计算能力，直到薛定谔真正打开盒子的时候，都无法预测得到的猫是死是活。

我们看到了量子理论和经典理论的一个相当不同的地方：量子力学允许"本质的""内在的"甚至是"客观的"概率的存在。对叠加态的测量是一个内在的随机事件，不论我们知道系统的多少信息，都无法把这个随机事件变成确定事件。量子物理学家们也称这种随机性为内禀随机性（图2）。内禀随机性不可预测、不可复制，是一种真正的随机性。

图2　爱因斯坦和玻尔辩论时说出了"上帝不掷骰子"的名言，便是表明他并不相信量子力学所暗示的这种内禀随机性。贝尔测试让绝大多数物理学家相信了内禀随机性的存在，也获得了2022年的诺贝尔物理学奖，但这都是后话了

在量子理论的框架下，即使是无所不知的拉普拉斯妖也必须承认，在薛定谔的猫身上存在着让它也无能为力的随机性。

五、量子随机数发生器

经典物理与量子物理对随机性的不同描述导致了物理随机数发生器的两大分类（图3）：经典随机数发生器和量子随机数发生器。由于经典物理中不存在本质的随机性，真正的无条件安全随机数只能由量子随机数发生器产生。量子随机数因此在高安全性和高随机性要求的场合中得到了应用，例如量子通信和检验量子力学基础的相关实验。

如果想要宣称自己生成的是量子随机数而不是经典随机数，不但需要将随机数的产生建立在量子现象上，还需要对量子随机性进行严格的刻画。这方面的重要理论突破由中国科学家完成。2015年，马雄峰研究组从量子信息论的角度证明了[3]内禀随机性与被称为"量子相干性"（Quantum Coherence）的量子资源是等价的，使我们能够严格、定量地去描述量子随机数发生器中产生安全的量子随机数的速率。

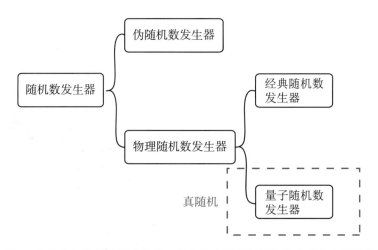

图 3　各种随机数发生器的分类。其中只有量子随机数发生器有真随机性

简单来说,量子相干性是一种对量子叠加态的度量。像 $|\text{Alive}\rangle$, $|\text{Dead}\rangle$ 这样的态没有量子相干性,而它们的叠加态 $\frac{1}{\sqrt{2}}|\text{Alive}\rangle + \frac{1}{\sqrt{2}}|\text{Dead}\rangle$ 拥有最大的量子相干性,其他量子态的量子相干性则介于二者之间。

我们已经知道,在叠加态上进行测量会产生真随机数,而且测量完后的量子态会处于一个没有量子相干性的态($|\text{Alive}\rangle$ 或 $|\text{Dead}\rangle$)上。从这个角度看,量子随机数发生器可以粗略认为是一台将量子相干性转化为内禀随机性的机器(图 4)。这一洞见为量子随机数的产生和应用提供了坚实的理论基础。

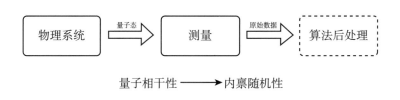

图 4　量子随机数发生器的基本工作流程

六、近期和未来发展方向

量子随机数发生器领域近期和未来发展方向主要涵盖以下几个方面:

首先,我们在不断探索更多能够实现量子随机数发生器的物理系统。到目前为止,研究者们已经利用了多种量子光学现象实现了量子随机数生成器,其基本原理如图 5 所示。

由于量子效应在许多不同的系统中都普遍存在,如果我们能够发掘和定量刻画更

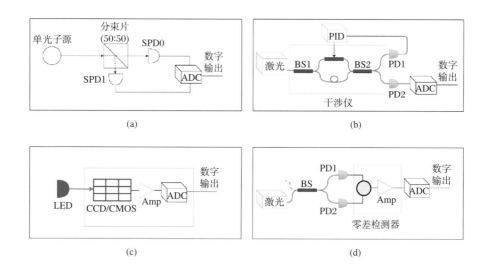

图 5　常见量子随机数发生器的示意图

其随机性来源分别为(a) 单光子探测,(b) 激光相位涨落,(c) 光子计数探测,(d) 真空量子涨落。

多物理系统中的量子效应,我们就能够开发出更加丰富多样的随机数发生器,来适配不同的需求和场景。

其次,我们在不断地追求更高的量子随机数产生速率。通过采用不同的实验方案,以及更加先进的实验技术和工具,我们有望实现越来越高速的量子随机数生成以满足信息领域对安全随机数的庞大需求。在 21 世纪初,量子随机数发生器还只有 Kbit/s 量级的产生率,而到了 2023 年,利用真空涨落设计的超快量子随机数发生器最快已经达到了 100 Gbit/s 的产生率[4]。在此之前,纪录由潘建伟团队保持了 8 年[5]。

此外,我们也在追求着更高的安全性。在讨论中我们其实隐含了一个假设,认为实验中的量子系统及测量设备与理论模型保持着一致。由于实际设备不可能严格按照理论模型工作,这种假设会留下安全性隐患。

幸运的是,近年来出现了一种被称为"设备无关量子随机数生成"的方案,通过模仿贝尔不等式检验量子力学的方式来检验随机数是否由量子力学产生。这些方案不对设备有任何假设,因此有着更高级别的安全性。

最后,量子随机数发生器已经成为了最早投入实用和商用量子技术之一。国内外的许多量子技术企业已经推出了产品化的量子随机数发生器。除此之外,三星公司在其 Galaxy Quantum 系列手机中安装了带有量子随机数发生器的芯片,阿里巴巴也在其云服务器上集成了量子随机数发生器[6],来提高支付宝等云服务的安全性。

可以预见,随着量子信息技术的快速发展和越来越多人的关注和重视,量子随机数发生器作为信息安全领域的新兴技术,在挑战拉普拉斯妖的同时,也将在未来扮演更加重要的角色,为我们带来更多惊喜。

参考文献

［1］ Laplace P S. A Philosophical Essay on Probabilities［M］. New York：John Wiley & Sons，1902.

［2］ Diaconis P，Holmes S，Montgomery R. Dynamical bias in the coin toss［J］. SIAM Review，2007，49（2）：211-235.

［3］ Yuan X，et al. Intrinsic randomness as a measure of quantum coherence［J］. Physical Review A，2015，92（2）：022124.

［4］ Bruynsteen C，Gehring T，Lupo C，et al. 100-Gbit/s integrated quantum random number generator based on vacuum fluctuations［J］. PRX Quantum，2023，4（1）：010330.

［5］ Nie Y Q，Huang L，Liu Y，et al. The generation of 68 Gbps quantum random number by measuring laser phase fluctuations［J］. Review of Scientific Instruments，2015，86（6）：063105.

［6］ Huang L，Zhou H，Feng K，et al. Quantum random number cloud platform［J］. npj Quantum Information，2021，7（1）：107.

20光年的遥望：量子与量子纠缠

吴毅龙　张肖煜

在经典力学中，我们将电子视为一个粒子，它有确定的轨迹，符合我们的经典直觉。但是在量子力学中，我们将其视为抽象的态，它可以是由许多看似矛盾的经典状态叠加而成的，一切都变得抽象而神秘起来。我们对量子世界的旅行也由此启程(图1)。

图1　《20光年的遥望——量子与量子纠缠》视频封面

一、自　　旋

或许你曾听说过"自旋"这个词。对于电子，我们可以直观地将其想象成是一个旋转的小球。固定小球的一个转轴，旋转按照方向被分为顺时针旋转和逆时针旋转，分别用向上和向下的箭头来表示。在一个电子的自旋系统中，最基本的状态只有两个，分别用$|0\rangle$和$|1\rangle$来表示。这个系统的所有其他状态，都可以用这两个状态的线性组合表示(图2)。

量子力学的神奇之处，在于它是由概率描述的。对于上面的系数，C_1的模平方代表

＊　本作品在量子科普作品评优活动中获视频组一等奖。

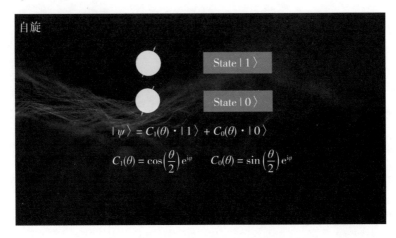

图 2　电子的自旋系统中电子的状态

测量任何一个状态之后,得到$|1\rangle$状态的概率。C_0的模平方代表测量之后,得到$|0\rangle$状态的概率(图3)。

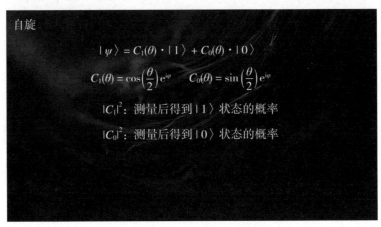

图 3　测量后得到$|1\rangle$状态和$|0\rangle$状态的概率

而进行观测之后,系统就塌缩到确定的状态。也正因为测量结果受概率支配,我们不能确定地知道会测到什么状态。就像《阿甘正传》中说的,人生就像一块巧克力,你永远也不知道下一块是什么味道的。下一次的事情谁又知道呢?

量子力学里面最基础的概念,你已经掌握了。接下来让我们将目光聚焦到量子力学更加神奇的现象——纠缠态。

二、纠　缠　态

以一个比较简单的纠缠态为例,把一对电子放在一起,让这两个电子处于总自旋为零的状态,它们就会自然地纠缠在一起。对于某个方向自旋的测量,处于这样纠缠态的电子,总是给出相反的结果。比如A电子测量得到逆时针的自旋,那么与A纠缠的B电子,就会给出顺时针方向的自旋。就算它们两个相距遥远也是如此(图 4)。仿佛我们对 A 的测量瞬间影响了 B 的状态。

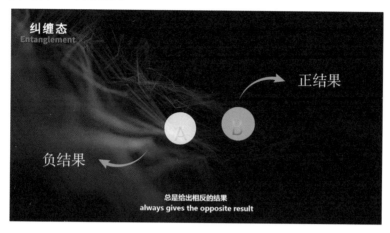

图 4　电子的纠缠态

那我们是否可以利用纠缠态来超光速传递信息呢？非常遗憾,我们无法做到这一点。原因正像之前所说的,我们无法决定每一次观测的结果。但是这并不影响人类对纠缠态的利用。利用量子力学的随机性,我们可以产生量子密钥,用于实际的保密通信中。

三、量子意识模型

对于这种奇妙的纠缠,或许我们可以以一种更富有想象力的观点来看待。2020 年诺贝尔物理学奖获得者彭罗斯认为,人脑产生的意识正是来源于量子世界的某些行为(图 5)。他和哈梅罗夫共同提出了"量子意识模型"。大脑中存在海量的处于量子纠缠态的电子,意识正是从这些电子的波函数的周期性塌缩中产生。

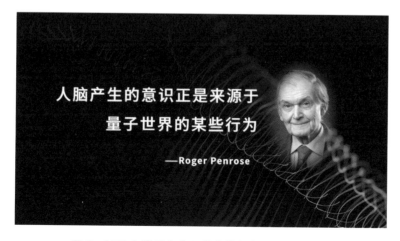

图 5　2020 年诺贝尔物理学奖获得者罗杰·彭罗斯

我们每个人诞生于宇宙 137 亿年前的一次大爆炸。构成我们身体的每一个电子、原子，其实也都经历了百亿年的时空旅行，才相聚在我们的身体之中。不妨做一个合理的假想，你脑中或许有那么一个电子，曾经是宇宙中无数对纠缠电子对中的一个。但在漫长的宇宙史中，它和与它纠缠的另一个电子分开了。此时此刻，一个电子在你的脑中，另一个远在 20 光年以外。意识时刻在我们的大脑中产生，无数的神经冲动不断地传递，一次次冲击着这个电子。这个电子每一次自旋方向的改变，在浩瀚宇宙的一角，都有着另一个电子和它遥相呼应……

20 光年对现在的人类而言，是不可想象的距离。或许我们一生中的悲欢情仇，都在冥冥的宇宙之中有着回响。当我们情不自禁仰望天空时，也许就是这个电子对它曾经的伴侣远隔 20 光年的遥望。

量子科普小课堂：
2022年物理学诺贝尔奖揭幕震惊世界

倪安发　于欣月　文　津

同学们好，一说量子我们就不得不提到2022年的诺贝尔物理学奖。法国的阿斯佩、美国的克劳泽和奥地利的塞林格通过开创性的实验展示了处于纠缠状态的粒子，这三位获奖者对实验工具的开发也为量子技术的新时代奠定了基础。与此同时，量子力学、量子纠缠等关键词成为热搜词。那么，就向大家讲一讲本次诺贝尔物理学奖的工作为什么重要。

时间倒回至1935年，那时的物理学界分为"两大派"，一派是玻尔为首的哥本哈根学派，另一派就是爱因斯坦和薛定谔为首的反对派。爱因斯坦和玻尔吵架始终也没吵赢过，他主要是对量子叠加态这个概念很不能接受，因此他和波多尔斯基以及罗森三个人专门合写了一篇论文提出了EPR佯谬。薛定谔在看到爱因斯坦的EPR论文以后，脱口而出——量子纠缠。自此"量子纠缠"这个名词诞生了。爱因斯坦讥讽其为"鬼魅般"的超距作用，同时认为量子理论是"不完备"的，纠缠的粒子之间存在着某种人类还没有观察到的相互作用或信息传递，也就是隐变量。

在这里对量子纠缠进行一个解释：量子纠缠是一种纯粹发生于量子系统的现象，在量子力学里当几个粒子在彼此相互作用以后，由于各个粒子拥有的特性已综合成为整体性质，无法单独描述各个粒子的性质，则称这现象为量子纠缠。

听起来比较复杂，咱们简单理解其实就是，量子纠缠是两个或两个以上粒子组成的系统中粒子之间相互影响时产生的现象，最特殊的地方在于即使这些粒子在空间中是相互分开的，它们也可以相互影响。打个比方，设想有一台机器会同时发射两个不同颜色的小球，如果小红接到一个白色的球，对面的小明一定会接到一个黑色的球（图1）。不管怎么样这两个球的颜色总是相反的，如果按照隐变量理论，这两个球在发射出来以前就已经决定了。而在量子力学的解释中，这两个球在发射出来以后一直处在叠加态，直到小红观察到小球a的那一刻，小球a才突然从叠加态随机塌缩成白色（或黑色），同

---

* 本作品在量子科普作品评优活动中获视频组二等奖。

时对面的那个小球 b 也必须保持和 a 状态相反,所以 b 也突然从叠加态塌缩成了黑色(或白色),小球 a 和小球 b 之间不管距离多远,哪怕是在宇宙尽头,这种量子态的塌缩都会同时发生。

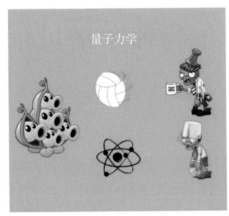

图 1　隐变量理论和量子力学对小球颜色的不同解释

EPR 论文虽然一度引起众多物理学家的兴趣,启发他们探讨量子力学的基础理论,在之后很长一段时间物理学界并没有特别重视这论题。

直到 20 世纪 60 年代,物理学家约翰·贝尔提出可用来验证量子力学的贝尔不等式(图 2)。如果贝尔不等式始终成立,那么量子力学就可能被其他理论代替,因此物理学家做了很多检验贝尔不等式的实验。美国科学家约翰·克劳泽设计了相关实验,其中使用特殊的光照射钙原子,由此发射纠缠的光子,再使用滤光片来测量光子的偏振状态。经过一系列测量证明了实验结果违反贝尔不等式而与量子力学的预测相符。但这个实验具有局限性,包括实验装置在产生和捕获粒子方面效率较低、滤光片处于固定角度等。

$$|P_{xy}-P_{zy}| \leqslant 1+P_{xy}$$

贝尔不等式

图 2　贝尔不等式

在此基础上贝尔的"粉丝"法国科学家阿兰·阿斯佩设计了新版本的实验,填补了克劳泽实验的重要漏洞,测量效果更好(图 3)。根据实验结果提出了一个非常明确的结果:量子力学是正确的,并没有隐变量。当然,漏洞还是有的。在阿斯佩实验中用来控制检验器偏振方向的那个随机数发生器是不是真随机呢?

最后，奥地利科学家安东·塞林格登场，对贝尔不等式进行了更多的实验验证（图 4）。其中，利用遥远星系发出的信号作为控制信号确保真随机，进一步证实了量子力学的正确性。

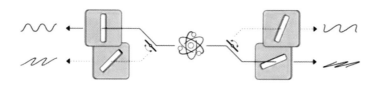

图 3　阿兰·阿斯佩研究示意图

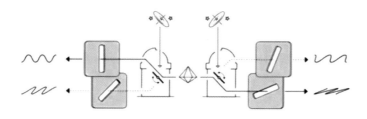

图 4　安东·塞林格研究示意图

这三位获奖者完成了"从 0 到 1"的突破，他们对纠缠态的研究非常重要。正是由于他们扫除了贝尔不等式的"拦路虎"。世界各地的研究人员已经发现了许多利用量子力学强大特性的新方法，而这都得益于三位获奖者的开创性贡献！

10 分钟看懂量子比特、量子计算和量子算法

李剑龙

宏观世界的生活经验很多都是表象。比如,你可能认为世界的运行是确定的、可预测的,一个物体不可能同时处于两个相互矛盾的状态。在微观世界中,这种表象被一种叫作量子力学的规律打破了。量子力学指出,世界的运行并不确定,我们最多只能预测各种结果出现的概率;一个物体可以同时处于两个相互矛盾的状态中。量子计算,就是直接利用量子力学的现象(例如量子叠加态)操纵数据的过程。在本文中,我们简单地介绍量子叠加态、量子比特、量子测量和一种实现随机数据库搜索的量子算法。

一、量子叠加态

夏天到了,烈日炎炎。当你戴上偏振墨镜时,从某种程度上讲,你就已开始接触量子计算了(图1)。

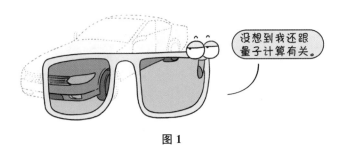

图1

为什么这么说呢?因为光的偏振正好"同时处于两个相互矛盾的状态"中,也就是量子叠加态。在量子计算中,光子的偏振就可以用来实现量子比特。

首先,光是一种电磁波,组成它的粒子叫作光子。电磁波的振动就像绳子抖动一样,可以朝这儿偏也可以朝那儿偏,形成各种各样的偏振(图2,图3)。

---

* 本文在量子科普作品评优活动中获图文类特等奖。

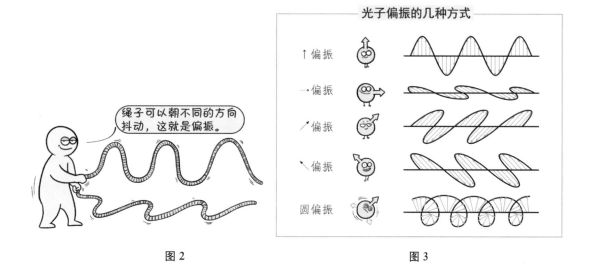

图 2   图 3

其次，偏振墨镜就像一个筛子，只有跟筛子的缝隙方向一致，光子才能"钻过去"。如果跟筛子的缝隙方向垂直，光子就被完全"拦住"了。如果用绳子的抖动比喻光子的偏振，你就很容易理解了（图 4）。

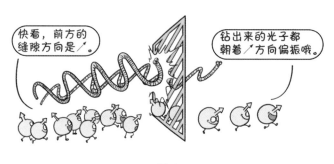

图 4

如果光子偏振方向跟缝隙方向既不垂直也不平行，而是呈一定角度，又会怎样呢？如果你在钻过去的朝↗方向偏振的光子后面，再放一个只过滤↑光子的偏振镜，就会发现一个非常诡异的量子力学现象：大约有一半↗偏振光子穿过了偏振镜，而且偏振方向都变成了↑（图 5），这种现象用绳子抖动的比喻是说不通的（图 6）。

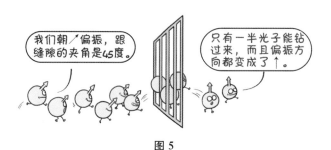

图 5

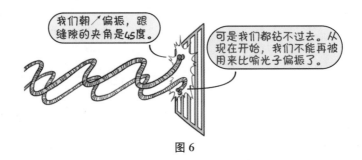

图 6

这个时候,运用高中学过的矢量合成知识,我们可以试着解释这个现象。由于光子的偏振既有方向又有大小,我们可以将每个光子的偏振看作一个矢量。于是,它们满足矢量的加法(图 7)。

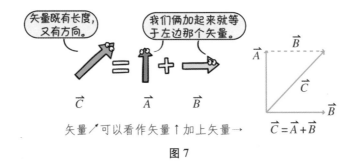

矢量↗可以看作矢量↑加上矢量→

图 7

由于↗方向的振动等于↑方向的振动加上→方向的振动,我们就可以说,↗偏振的光子可以看作是同时在朝↑和→方向振动(图 8)。

↗偏振的光子可以看作同时朝↑和→振动

图 8

如果你不理解什么叫同时进行两种振动,想想你耳朵里的鼓膜,正是它同时进行多种振动,你才能同时听到各种各样的声音(图 9)。

图 9

这个时候,我们就可以试着解释那个奇怪的量子现象了。如果把一个↗偏振的光子看作是一个光子同时进行↑和→两种振动,那么我们可以说,当这个光子路过↑偏振镜的时候,其中一半→振动被挡住了,另一半↑振动通过了(图10)。

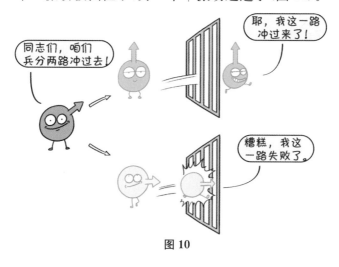

图 10

二、量子态测量的概率性

然而,这个解释并不完全对。如果你朝这个偏振镜发出一个↗光子,在偏振镜之后,你并不会接收到一个振动能量减弱了一半的光子。而是有 50% 的概率接收到一个↑光子;50% 的概率什么也没接收到(图 11)。

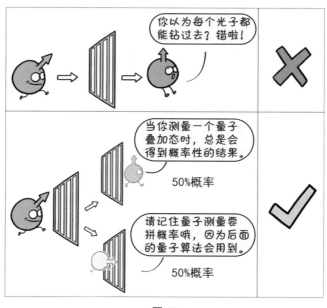

图 11

说到这里你可能想起来了,这就是量子力学常说的"上帝掷骰子"(图 12)。

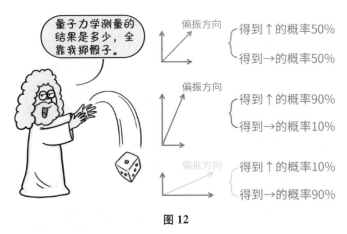

图 12

虽然↗光子处于两种振动的叠加状态,但当你通过↑偏振镜测量它时,它总是会随机地"掷骰子",以一定概率得到↑或→的结果。掷骰子的概率跟偏振方向的夹角有关。偏振方向跟↑方向的夹角越小,测量时得到↑偏振的光子的概率就越大。偏振方向跟→方向的夹角也是同理。

三、量子比特

如果我们把↑光子看作比特 0,→光子看作比特 1,那么,一个↗光子就处于比特 0 和比特 1 的叠加状态之中。如果你硬要用一个偏振镜去测量它到底是比特 0 还是比特 1,就会发现,测量结果有 50% 的概率是比特 0,还有 50% 的概率是比特 1。↗光子所携带的这种诡异的"比特"就叫作量子比特(图 13)。

你把比特0和比特1分别想象成一个虚拟的空间中的两个相互垂直的坐标轴。对于经典比特来说,它要么处于比特0的轴上,要么处于比特1的轴上。

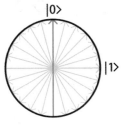

量子比特可以在两个轴之间的空间中任意"转动"。也就是说,它可以同时处于比特0和比特1的状态中,而且不同状态所占的"比例"可以任意变化。量子信息学中通常用Bloch球来表示量子比特的取值范围。为了便于理解,本文忽略了相位等技术细节,将球简化成了一个圆。

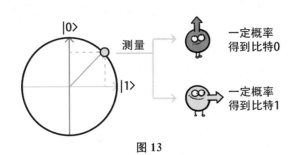

图 13

这样看来,一个量子比特似乎可以储存非常多的信息。但要想从量子比特中提取信息,你必须先做一次量子测量。量子力学告诉我们,当你测量量子比特时,只会随机得到两个结果:比特 0 和比特 1。并且,得到这两个结果的概率跟量子比特在态空间中所指向的方向有关。

四、量子门

电子计算机所做的计算,就是在操纵经典比特。同样的道理,所谓量子计算机,就是在量子力学允许的范围内操纵量子比特(图 14)。

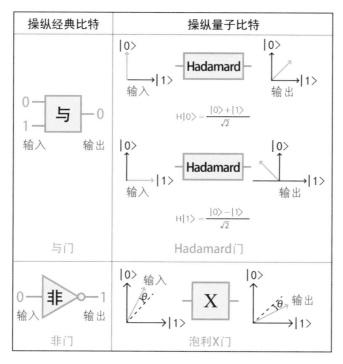

图 14

五、量子并行计算

不知道你发现了没有,由于量子比特可以处于比特 0 和比特 1 的叠加态,量子门操纵它时,实际上同时操纵了其中的比特 0 和比特 1 的状态。

所以,操纵 1 个量子比特的量子计算机可以同时操纵 2 个状态。如果一个量子计算机可以同时操纵 N 个量子比特,那么它实际上可以同时操纵 2^N 个状态,其中每个状态都是一个 N 位的经典比特(图 15)。这就是量子计算机的并行计算能力。

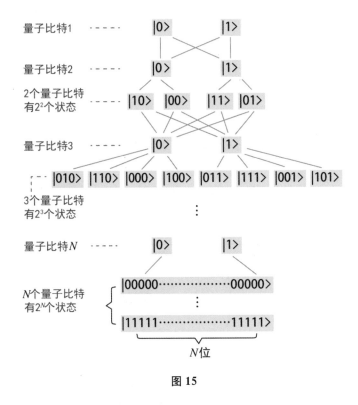

图 15

六、随机数据库搜索：Grover 算法

最后，让我们用量子计算的 Grover 算法来说明它是如何并行计算的。

假设我们有 N 个未经排序的数据。如果使用经典算法寻找其中的某个数据 x，条件是它（并且只有它）满足 $P(x) = $ TRUE，比方说 x 代表一个人的工号，$P(x)$ 是看他是不是现任 CEO。那么你只能从第一个数据开始，一个一个地看它是不是 CEO 的工号，直到"瞎猫碰上死耗子"（图 16）。

在这种算法中，计算复杂度是 $O(N)$。

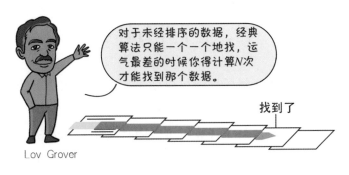

图 16

在 Grover 算法中,我们可以将 N 个数据同时储存在 $\log_2 N$ 个量子比特中,然后同时计算 N 个函数 $P(x)$ 的取值,也就是同时看它们是不是 CEO 的工号(图 17)。

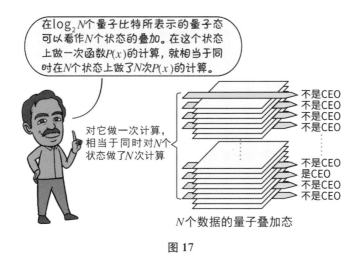

图 17

在 N 个计算结果中,必然有 1 个结果是 CEO 的工号,其他结果都不是。但如果你这个时候贸然去"读取"结果,就会发现,每个结果发生的概率都是 $1/N$(图 18)。

这就好比你用 ↑ 偏振镜去测量 ↗ 光子,得到 ↑ 和 → 的概率各为 $1/2$。

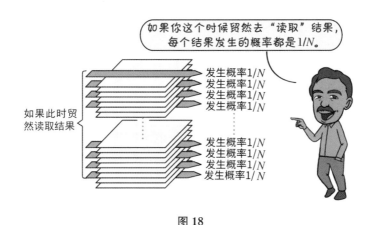

图 18

Grover 算法的思想是,同时计算了 N 个 $P(x)$ 的取值后,先不要读取,而是通过量子操作略微增加结果为 CEO 工号的那个数据发生的概率(图 19)。

数学计算证明,反复重复以上过程 $\frac{\pi\sqrt{N}}{4}$ 次之后,你要找的那个数据发生的概率就会达到最大,最终达到 $(1 - 2^{-N})$。这个时候如果你再去读取数据,就会以极大的概率读到你要找的数据(图 20)。

图 19

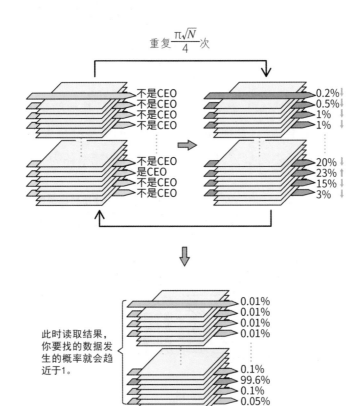

图 20

所以,Grover 的量子搜索加速算法,可以将搜索复杂度降低到 $O(\sqrt{N})$,但你成功读取那个数据的概率永远也不会达到 100%,而是会略小于 100%。

从目前的情况看,量子计算只是在少数计算任务中表现得比经典计算更快,例如大数因数分解(Shor 算法)、随机数据库搜索(Grover 算法)等,并且,这些方法不能挣脱量子力学的约束,达到十全十美。

七、Grover 算法的数学原理

为什么 Grover 算法的操作必须且最多只能重复 $\dfrac{\pi\sqrt{N}}{4}$ 次?

请你想象一个 N 维空间,每个维度代表 $\log_2 N$ 个量子比特所存储的一个状态。由于这种空间在纸上画不出来,我们需要进行一些简化,假设图中这个二维空间代表那个 N 维空间。其中一个维度 $|X\rangle$ 表示你要搜索的数据对应的状态,另一个维度 $|s'\rangle$ 表示除 $|X\rangle$ 以外所有其他 $N-1$ 个数据相叠加所对应的状态(图 21)。

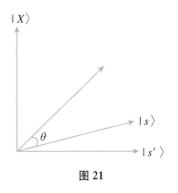

图 21

Grover 算法的初始状态,就代表其中一个矢量 $|s\rangle$。

Grover 算法采用的量子操作,就是像拨动表盘上的时针一样,不断将矢量 $|s\rangle$ 朝着 $|X\rangle$ 的方向拨过去,每次拨动的角度只能是 θ,其中 $\theta=2\arcsin\dfrac{1}{\sqrt{N}}$。

注意我们说过,一个量子叠加态跟哪个方向的夹角越小,测量时得到哪个方向的结果的概率就越大。不难计算,将矢量 $|s\rangle$ 这样拨动 $\dfrac{\pi}{2\theta}\approx\dfrac{\pi\sqrt{N}}{4}$ 次之后,它与 $|X\rangle$ 的夹角最小,测量时得到你要找的正确结果的概率最大。

注意,在这个比喻中,我们没有考虑 N 个状态之间的相位,但这并不影响讨论的结果。

参考文献

[1] Rieffel E, Polak W. An Introduction to Quantum Computing for Non-Physicists [J]. ACM Computing Surveys,2000,32(3):300-335.

[2] Strubell E. An Introduction to Quantum Algorithms[M].Berlin:Springer,2011.

量子计算漫谈

徐 华 李小刚 邱 骞

2020 年 12 月 4 日，中国科学技术大学潘建伟院士团队使用 76 个光子构建的量子计算机在 200 秒内完成了高斯玻色采样的计算，而对于同样的计算使用当时世界上最快的经典计算机需要 6 亿年。2021 年 11 月，IBM 公司推出代号为"鹰"的量子计算机，采用了 127 个量子比特，成为当时世界上算力最强大的量子计算机。2023 年 6 月，IBM 证明量子计算机可以在 100 多个量子位的规模上产生精确的结果，超越了领先的经典方法。

近年来，量子计算可以说是新闻"热搜"词汇，量子计算算力飞速提升，量子计算能够在特定领域应用，产生颠覆性成果的报道层出不穷；各种预测量子计算会在若干年后实现实际应用的报道屡见不鲜；在某些特定问题上量子计算机的算力超越当前经典计算机数亿倍的新闻屡见报端，"量子霸权"更是流量担当。这么多的新闻、这么强大的计算能力，引起了人们对量子计算的好奇心。量子计算机真的有这么强大么？量子计算为什么能这么强大呢？本文将带你回顾一下计算机的发展历史，展现技术进步对计算能力的巨大提升，介绍量子计算的基本原理，浅述量子计算机的实现方案。希望这些介绍能帮助大家对量子计算领域有基本的了解，促进大家形成自己的认知。

一、计算发展简史

首先，让我们一起回顾一下计算与"计算机"的发展历史。从某种意义上来说，人类文明的发展与计算技术的演进相辅相成。从最初的原始工具，逐渐走向今天的高性能超级计算机，从用石头在洞壁上刻画出图形，到如今手持便携式的电子设备，人类的计算技术经历了漫长与辉煌的演变，伴随着文明的发展不断进步。

原始人类在狩猎、采集和生产活动中，开始用简单的计数和测量方法来记录和解决一些基本问题，从而建立了人类最早的计算工具体系——结绳记事系统。在距今约 3 万年

---

* 本文在量子科普作品评优活动中获图文类一等奖。

前,人类开始使用绳结来记录信息,通过绳结的形状和位置实现简单的计算和数据记录。

随着社会的发展,人类对于计算的需求日益增长,这也推动了计算技术的不断进步。为了计算,人们发明了不少计算工具。中国古代的算盘、古希腊的安提基特拉机械,都是早期计算工具中的典型代表,如图1所示。算盘可以帮助人们计算加减乘除,安提基特拉机械则可以用来计算天体在天空中的位置。这样的工具极大地方便了人们的计算需求。

(a) 算盘   (b) 安提基特拉机械

图 1   古代计算工具

人类一直追求将繁重、重复的任务交由机器来执行,以提高生产和工作效率。工业革命之后,科学技术迅猛发展,人们开始尝试使用机械装置来进行更复杂的计算。19 世纪初,查尔斯·巴贝奇(Charles Babbage)设计了差分机,这种机械计算器可以被认为是第一批真正意义上的计算机,如图2所示。查尔斯·巴贝奇的差分机通过旋转齿轮和移动滑块,可以自动地计算多项式在不同点上的差分值,并将结果打印在纸带上。通过精密的机械设计,差分机能够实现复杂多项式的数值计算,例如计算多项式的根和导数等。可以说差分机为现代计算机的设计与发展奠定了基础。

图 2   巴贝奇机械计算机——差分机

20 世纪 30 年代,数学家阿兰·图灵提出了通用图灵机的概念。这台理想化的机器由一个无限的内存(一个无限的纸带)和一个扫描器组成,构成了现代计算机的基础架构。图灵的理论指导了后来的计算机设计和程序编写,因而他被誉为计算机科学之父。在第二次世界大战期间,美国计算机科学家冯·诺依曼提出了存储程序计算机的概念,奠定了现代计算机结构的基础。他领导设计了世界上第一台大规模电子计算机,ENIAC 计算机,如图 3 (a)所示。在此之后,冯·诺依曼结构成为计算机设计的主流。1951 年,世界上第一台商用计算机 UNIVAC-I 推出,并开始应用于企业和政府的数据处理工作,如图 3 (b)所示。

(a) ENIAC计算机　　　　　　　(b) UNIVAC-I计算机

图 3　早期计算机

电子计算机的发明使许多任务能够自动化,减少了人力成本,同时提高了准确性和速度,在商业应用上取得了一定成功。早期电子计算机的核心单元是电子管,相对来说体积较大、能耗较高。科学家们不断寻找更小巧、更低功耗、更可靠的替代器件。1947 年,美国贝尔实验室的约瑟夫·巴顿、沃尔特·布拉滕和威廉姆·肖克利合作发明了世界上第一个晶体管,如图 4 (a)所示。1954 年,美国贝尔实验室的威廉姆·肖克利在晶体管的基础上发明了对应的半导体版本,即结型晶体管(junction transistor),如图 4 (b)所示。

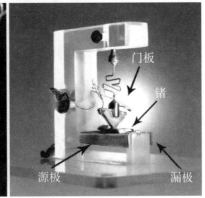

(a) 世界首个晶体管　　　　　　(b) 结型晶体管

图 4

1959 年,杰克·基尔比和罗伯特·诺伊斯发明了集成电路(integrated circuit)。集成电路将多个晶体管和其他电子器件集成在一个硅芯片上,该技术大大提高了电子器件的集成度和性能,标志着电子技术进入了大规模集成电路(LSI)时代,从某种意义上来说也奠定了半导体产业的基础。1965 年,英特尔公司联合创始人戈登·摩尔在论文中首次提出集成电路的集成度(即晶体管数量)每隔一段时间将翻倍,而成本会相应地减半,如图 5 所示。摩尔定律的提出对于电子技术的发展和计算机产业的进步产生了深远影响,半导体产业成为了现代信息社会的重要支撑之一。

图 5　摩尔定律下半导体的发展

进入 21 世纪后,半导体产业与晶体管技术持续发展,但同时也面临着一些挑战。随着晶体管尺寸的不断缩小,摩尔定律已经逐步接近极限。为了进一步提高计算性能,科学家们一方面开始研发新的材料和系统架构,以提升晶体管计算机的性能。另一方面,也在积极探索新的计算范式。

不难看出,人类对于算力的需求与文明的发展高度相关。生产力和技术水平的进步推动了计算工具的发展创新与应用。刀耕火种时代人类发明了结绳记事,农耕时代发明了算盘等手工计算工具,工业革命以来生产力获得了极大的提升,这一时期人类也发明了差分机等机械计算机,而二战以后科技的蓬勃发展则推动了电子计算机的发展。

当前,一场新的科技变革正悄然兴起,那就是量子计算。我们对于量子计算这个词的熟悉程度或许还远远落后于传统计算机,但其所蕴含的潜力却正在引发一场计算科学的革命。接下来我们介绍一下量子与量子计算,以帮助大家了解量子计算是什么,它为什么强大。

二、量子计算基础

量子计算是一种基于量子力学原理发展的新一代计算技术。利用量子比特的叠加和纠缠特性，量子计算能够解决一些经典计算难以解决的问题，实现远超经典计算机的计算能力。毋庸置疑，量子计算机的发展将为人类带来前所未有的计算和科学突破。为了理解量子计算机，我们首先要简单了解一下量子力学。

量子力学是描述微观世界中原子、分子和其他基本粒子行为规律的理论，它革命性地改变了我们对自然界的认识，是现代物理学的基石之一，对科技发展与我们的生产生活都产生了深远影响。量子力学诞生于 20 世纪初，当时科学家们试图理解原子和分子的结构和性质，而当时的经典物理学理论无法对微观世界中的很多实验观测结果给出解释。1900 年，德国物理学家马克斯·普朗克在解决黑体辐射问题时，首次提出了"能量量子化"的假设，打开了量子力学的大门。随后，爱因斯坦、玻尔、德布罗意和海森伯等一系列著名物理学家为量子力学的发展做出了重要贡献。量子力学与经典力学的最大区别在于微观物理量的不连续性，从而引出了不确定性原理，即微观粒子不能同时准确地知道其位置和动量。量子力学还揭示了微观世界中，物质的行为是有随机性的，并且受到概率的支配。这一概念颠覆了经典物理学中对于确定性的认识，挑战了人们对自然界的直观理解。

从 20 世纪末开始，科学家们进一步拓展量子力学的应用范围，开始直接研发拥有量子特性、满足量子力学基本原理的量子器件。对此类量子器件的研究和应用逐步发展成为量子信息技术，该技术目前主要包括量子通信、量子计算和量子传感/量子精密测量等领域。量子信息技术直接应用了量子世界的特性，如量子叠加性、量子非局域性、量子不可克隆性等。对于量子器件的研发与应用也被称为"第二次量子革命"，正促使人类从经典技术时代跨越到量子技术新时代。

下面我们对量子力学中最有趣的特性之一，量子叠加，做一些简要的探讨。量子叠加描述了量子系统中的粒子在某个特定时刻处于多个可能状态叠加的现象。广大读者可能对"薛定谔的猫"有所耳闻。这是量子力学上一个著名的假想实验，如图 6 所示。在这个实验中，一只猫被放在一个密封的盒子里，盒子中放置了一个具有辐射性的物质。根据经典物理学，猫要么是活着的，要么是死去的，这是一个确定的状态。但在量子力学中，在盒子被打开之前，猫实际上处于活着和死去的叠加态，即活着和死去两个状态同时存在的状态。只有当盒子被打开时，猫的状态才会坍缩为确定的状态，即活着或死去。

量子叠加态很神奇，叠加态由于观测而消失的现象，被称为坍缩。这种与生活常识格格不入的特性，不但普通大众不容易接受，而且如爱因斯坦等物理学巨擘也对此持怀

图 6　薛定谔的猫

疑态度,但是从量子力学理论诞生到现在,诸如电子的双缝实验等无数科学实验证实了它的正确性。量子叠加态具有概率性,不同的叠加态在塌缩后呈现确定状态的概率是不同的。利用这个特性,人们可以通过某些方法调控每种状态出现的概率,再结合量子系统的纠缠特性,从而建造性能远超电子计算机的量子计算机。

三、量子计算机的性能

量子计算机为什么会具有远超电子计算机的性能呢? 这还要从电子计算机的原理说起。电子计算机在完成计算任务的过程中,通过电路通断状态的不停变换来表示信息。一个具有开关两种状态的器件,可以表示 2 个数据,n 个器件可以表达 2^n 个数据。电子计算机的存储和计算的基础建立在二进制之上,通过一定的编码规则用电路来表达所有的信息。对于经典的电子器件,在某一个时刻只能表达一种状态,或者为通,或者为断。所以电子计算机的基础计算本质上是顺序的,只能将任务顺序地完成。比如,现在给电子计算机一个任务,在打乱顺序的 0—15 这 16 个数字中找到 9 这个数字。为了完成这一个任务,计算机只能顺序地操作,不断比较每个数字是否是要寻找的目标,如果运气好可以在几次操作中完成任务,而运气不好时就必须进行 16 次查询。由于电子计算机的基本特性,即使通过算法优化,也不能消除其固有的缺陷。好在计算机器件的运行速度比较快,一般常见的问题都可以快速解决。然而,一旦遇到非常复杂的问题,需要进行频繁的操作,计算机的运行时间就会非常地可观。在海量数据比如 2^{83} 个数据中找到某个目标数据,就会耗费非常多的运算时间。但是,同样的问题对于量子计算机来说,运算速度可能会大幅提升。与电子计算机通过控制大量器件的通断不同,量子计算机是利用具有叠加特性的量子比特进行计算,改变了在电子计算机上每种状态必须唯一确定的限制。

为了更好地说明量子计算机的性能优越，以上面提过的从打乱顺序的 0—15 这 16 个数字中寻找 9 这个任务为例。利用量子叠加态，一个量子比特可以同时处于 0 和 1 两个状态，4 个量子比特就可以同时表达 16 个数据。利用某些特定的量子门操作将 4 个量子比特变为同时表示 0 和 1 的叠加态，再设计由量子门构成的比较器识别出目标数据。由于量子叠加态具有塌缩的特性，此时识别的结果存在 16 种可能，而且表达这些不同结果的量子态的塌缩概率均相同，从而不能直接读取结果。为了能够正确读取识别的结果，可以利用 Grover 算法（一种可以通过一些量子门操作，将某个量子态塌缩概率大大提高的算法）将 9 这个目标数字塌缩的概率提高，比如提高到 97%，之后测量识别结果就存在 97% 的可能读取到目标数字 9。为了保证任务的正确性，可以进行多次测量。在以上的实例中，所有的待测数据是通过量子叠加态表达的，对这些数据的识别操作是同时进行的，这也是量子计算机区别于电子计算机的运算特性。

Shor 算法和 Grover 搜索非结构化数据库或无序列表的算法是量子计算中比较著名的算法。Shor 算法运行速度比最著名的经典因式分解算法实现了指数级加速。对于同样的任务，Grover 算法运行速度也比最好的经典算法（线性搜索）要快得多。当前，广大科研人员正在不断探索更多更快的量子算法及其在实际领域的应用。

四、量子计算机的实现

实现量子计算机是一项极为复杂的任务，这是由于它涉及多个学科的知识和技术。科学家们需要克服多个领域的前沿问题，如量子比特的稳定性、错误纠正和纠缠交互等，这些问题不仅极具挑战性，需要很深的专业知识，往往还需要跨越多个领域才能解决。

目前，量子计算机的研究领域正在迅速发展，涌现出许多技术路线。其中，离子阱量子计算机以悬浮在电场中的离子为基础量子比特，其在精确控制和测量方面表现出色。与此同时，超导量子计算机由于大量借鉴传统半导体产业的积累，发展最为迅速，在学术研究和产业化发展方面都取得了显著的进展。

一方面，超导量子计算机持续稳步地增加量子比特的数量，提升量子比特的控制精度，以及可以执行的量子门操作范围，从而提升其实际计算能力。另一方面，近年来还在实验中展示出了能够降低量子比特误差率的量子减错、纠错技术，为进一步提高计算稳定性奠定了坚实的基础。在实际应用方面，超导量子计算机也取得了重要突破。在量子随机数生成、量子模拟、优化问题求解以及量子机器学习等领域展现出巨大潜力。超导量子计算机不仅能生成真正的随机数用于安全通信，还能在模拟化学、材料科学等领域的量子系统行为方面发挥重要作用。此外,得益于其并行计算能力和独特的量子特性,超导量子计算机在解决优化问题和加速算法应用方面也呈现出广阔的前景。尽管仍然存在一系列技术挑战,但近年来超导量子计算的进展充分显示了该技术路线的巨大潜力。

超导量子计算机的基本单元是超导量子比特,超导量子比特利用了超导材料的约瑟夫森效应,通过将约瑟夫森节与配套的电容、电感元器件组合在一起,构建出一个量子比特。然后通过线路来实现对量子比特的操控,以及实现量子比特之间的耦合。通过适当设计的量子门操作在超导量子比特之间建立相干纠缠与并行计算,从而实现高效的量子运算。超导量子计算机的优势在于其相对较好的可控性和可扩展性。目前,超导量子计算是进展最快的量子计算实现方案。全球不少研究机构与高科技公司正积极开展超导量子计算机的研发,推动其产业化发展。

近年来,谷歌的研发团队在超导量子计算领域取得了一系列进展。2019 年,谷歌团队宣布使用包含 53 个超导量子比特的 Sycamore,实现了"量子霸权"。2023 年,谷歌研发团队将 Sycamore 进一步升级,将 53 个超导量子比特提升至 70 个,性能提升了 2.41 亿倍,如图 7 (a)所示。2022 年底,IBM 公司推出了 Osprey,该超导量子计算机含有 433 个量子比特,是当时世界上所发布的最大的量子计算机处理器,如图 7 (b)所示。Osprey 可以运行复杂的超导量子计算,被认为拥有远超任何经典计算机的计算能力。它的出现被认为使得人类用量子计算机解决超越经典计算机问题的目标更近了一步,而且为 2023 年 IBM 公司推出 1121 个量子比特的计算机 Condor 的计划铺平了道路。Rigetti Computing 是另一家在超导量子计算领域颇有影响力的创业公司,他们开发了名为"Forest"的软硬件集成系统,使开发者能够方便地编写和运行量子算法。虽然这些量子计算机系统仍然面临挑战,如错误纠正、量子比特的稳定性和噪声抑制等,但已经展现出高效地解决某些特定复杂问题的潜力,展现出特定领域超强的计算能力。这些公司和研究机构的努力也逐步为未来更大规模、更强大的量子计算机的实现铺平了道路。我们相信,随着技术的不断进步,超导量子计算机将持续发展,为科学、工程和信息处理等领域带来前所未有的机遇。

(a) 谷歌量子计算机Sycamore　　　　　(b) IBM量子计算机Osprey

图 7

五、量子计算机的挑战与未来

经过以上介绍,我们可以发现在众多的应用领域中,量子计算机相比于传统的电子计算机有着本质上的飞跃。但是,当前量子计算的发展还面临着众多的困难和挑战,这些挑战主要集中在以下几个方面:(1)提高量子比特的稳定性;(2)增加量子比特的数量;(3)提高系统中纠缠态和相干态的抗干扰性能;(4)开发具有适用性的量子纠错技术。尽管有一系列的挑战,但在广大科研人员的努力下,量子计算机的性能正在快速提升,量子计算这个产业也在高速发展。

在这里,我们不禁感叹量子计算机这一前沿领域的无限潜力和令人震撼的发展。从科幻小说中的幻想走向现实,量子计算机正以其独有的特性和强大的计算能力引领着计算科学的新时代。随着技术的进步和研究的深入,我们相信未来量子计算机将会迎来更加辉煌的发展。它将不仅仅局限于科学研究领域,还将广泛应用于工业、医疗、金融等各个领域,为人类带来前所未有的进步。量子计算机将解决目前无法想象的复杂问题,加速新药物的研发、优化供应链、改善交通运输,乃至探索宇宙的奥秘。这将是一场真正的科技革命。

量子计算机不仅仅是一种计算工具,它代表着人类对自然奥秘的探索,是人类智慧的结晶。在当前量子计算蓬勃发展的伟大时代,我们期待更多的爱好者加入量子计算这一行业,共同推动这一领域的发展。我们一起携手,开创量子计算的新篇章,迎接科技的未来。

"量力"而行：分布式离子阱量子计算

邓子宜

无论是简单的商品结算还是复杂的广告算法推送，这些抽象的数学计算都需要在计算机中找到对应的物理实现方式。所以你会看到这样的场景：当幼儿做 10 以内的加减运算时需要借助十个手指头辅助运算，一旦被 10 以上的运算难住，有些小孩会想办法借用家长的手指头完成运算。

小孩以手指作为物理载体完成了 10 以上的加减运算。如果将量子比特类比为"手指头"。当一台量子计算机的"手指头"不足以支撑一个完整计算时，是否也可以通过借用一台或者多台量子计算机的"手指头"来完成计算呢？

分布式量子计算就是为了解决现有量子比特数不足而发展出的一种扩展量子计算规模的技术方案。

一、量子计算机：是技术神话还是科学真理

计算工具经历了从长短粗细一致的棍状算筹到算盘，从甘特的对数计算尺到帕斯卡的手摇计算机，从巴贝奇的差分机和分析机到世界上第一台电子计算机 ENIAC，再到电子管计算机、晶体管计算机和集成电路计算机的演变与更迭。新的运算法则和算力需求不断推动着计算工具的变革。

"满眼生机转化钧，天工人巧日争新。"在现代社会中，现有的计算工具和算法似乎可以满足生活中的绝大多数需求。然而，在大量的科学研究和工程技术中，经典计算的算力已远远不能适应智慧社会的发展。经典计算资源和物理元器件终究会达到理论极限，从而限制算力的提升。沿用晶体管计算机的设计思路，无论是缩小晶体管尺寸还是大规模的芯片互联，这两种算力提升方式带来的能耗和系统散热问题依然存在。如何研发体积小、耗能少且计算规模大的新一代计算机的接力棒又交到基础物理研究者的手中。

---

* 本文在量子科普作品评优活动中获图文组三等奖。

在物理学家罗尔夫·兰道尔（Rolf Landauer）[1]思想的启发下，查尔斯·本内特（Charles H. Bennett）引入可逆计算的概念，为可以解决散热问题的量子计算播下一颗种子。直到 1982 年，理查德·费曼提出利用量子物理体系实现量子模拟的想法，勾勒出量子计算机雏形，这才真正启发了人们对量子计算机的研究。1985 年，牛津大学的戴维·多伊奇（David Deutsch）建立了量子图灵机模型，提出在物理上实现通用量子计算机就是构造由一系列量子逻辑门组成的逻辑网络。量子图灵机模型为如今引发热议且已有产品雏形的量子计算机提供了抽象的理论模型。

超高效能计算的实现是量子计算机价值之所在。1992 年，多伊奇教授和剑桥大学的约萨（Jozsa）教授提出 Deutsch-Jozsa 算法。Deutsch-Jozsa 算法是最先被提出且被核磁共振（NMR）实验验证过的量子算法。1994 年，彼得·肖尔（Peter Shor）提出著名的 Shor 算法。Shor 算法对经典算法有指数级加速效果，理论上能快速破解基于大整数分解和离散对数的经典公钥密码体系。量子图灵机模型和一系列量子算法的接连问世突显出量子计算相对于经典计算的优越性，引起学术界和工业界的重视与投入。

二、离子阱量子计算机：量子计算机的候选者

"为山九仞，岂一日之功。"量子计算机的研制并非一条坦途。经过多年的理论与实践发展，研发大规模的量子计算体系成为量子信息发展的重点领域。类比于经典计算机中的比特和逻辑门，充足的量子比特数量、高保真度的逻辑门以及一系列高精度的物理操作是实现大规模量子计算体系的重要因素。

以囚禁离子、超导约瑟夫森（Josephson）结、分子核磁共振、半导体量子点、氮空穴（Nitrogen-Vacancy，NV）色心等为代表的量子信息处理单元，正逐步实现高保真度的量子态制备、量子门操作和量子态探测等测控手段。其中，超导和囚禁离子两种物理系统的各项指标最好、成熟度最高，最有希望在短期内实现降低计算结果错误率的量子容错计算和规模可扩展的体系。离子阱系统具有超长相干时间（分钟级），在量子态制备、量子态操作（单比特和两比特）、量子态测量等关键参数上全面超过量子容错计算阈值[2-3]。

离子阱技术在 20 世纪五六十年代就已经得到长足发展，并在近二十年研制量子计算机的热潮中得到快速推动。1953 年德国物理学家沃尔夫刚·保罗（Wolfgang Paul）提出的射频保罗阱和 1959 年另一位德国物理学家汉斯·德默尔特（Hans Dehmelt）创造的彭宁阱主要用于原子性质和光谱研究。20 世纪 90 年代，伊格纳西奥·希拉克（Ignacio Cirac）和彼得·优勒（Peter Zoller）最早提出的控制非门（CNOT 门）方案[4-5]才真正叩开了离子阱量子计算机的大门。克里斯·门罗（Chris Monroe）和大卫·维因兰德（David Wineland）[6]在实验中使用 Be^+ 离子实现了 CNOT 门。

近年来,离子阱量子计算机的工程化技术得到飞速发展。2017 年,马里兰大学在离子阱系统中实现了 53 量子比特的量子模拟。与其关联密切的量子技术初创公司 IonQ 也于 2018 年 12 月声明成功囚禁 160 个量子比特,且可以对 79 个量子比特进行单量子比特操作,实现了最多 11 个量子比特的两两纠缠[7]。2023 年,启科量子公司发布国内首台模块化离子阱量子计算工程"天算 1 号",从关键技术突破、实验室研发、原理样机研制到产品工程化迈出关键一步。

三、离子-光子纠缠:分布式离子阱量子计算的关键技术

离子阱量子计算机中的量子比特存储在每个离子的原子能级中,通过耦合能级与阱中离子的集体运动模式,量子信息可在离子之间进行交互[8]。在单个离子阱中,量子比特数的增加不仅会加重比特间的串扰问题,还会延长量子门操作的时间。这极大限制了单个离子阱量子计算机的比特数,其成本以及制造难度也会升级。但是通过光子实现不同量子计算机之间的纠缠,原理上可以无限扩展量子比特位数,将分布的离子阱量子计算机扩展成量子计算机群[9]。

分布式量子计算是为了解决量子计算规模可扩展性问题而提出的一种技术方案。通俗来讲,分布式量子计算就是将许多小规模的量子计算机通过特定技术连接起来,等效为更大规模的量子计算。2008 年,IonQ 创始人门罗(Monroe)教授就提出了可扩展分布式离子阱量子计算机的设想,两年之后便有了实施的技术路径[10]。

如何连接多个离子阱量子计算机来形成分布式离子阱量子计算机呢? 离子-光子纠缠是分布式离子阱量子计算机的关键技术之一。在离子-光子纠缠中,离子是运算和存储信息的良好载体,可作为构建量子计算机的量子比特;通过激光激发原子,令原子自发辐射所生成的光子是传输信息的良好载体,可以作为分布式量子计算机中的飞行比特。为了结合离子阱量子系统相干时间长和光子适合长距离运输的优势,需要通过激光、微波等操控手段使离子和光子发生纠缠。

关于令人费解的量子纠缠现象有一个通俗的解释:如果两个粒子之间是量子纠缠状态,无论相隔多远,其中一个粒子状态改变时,另外一个粒子会立刻发生改变。我们只需要通过测量其中一个粒子的状态就能推断另一个粒子的状态。将量子态远程传输1200 公里的"墨子号"量子科学实验卫星正是利用了光子与光子的纠缠。而离子与光子纠缠则是在离子与光子间建立纠缠,通过测量光子的状态读出离子量子比特。与此同时利用光子可进行远距离传输的优势将信息传递到另外一台离子阱量子计算机。

建立离子和光子间的量子纠缠后,需要根据离子-离子纠缠协议实现各个计算节点之间的离子-离子纠缠,从而实现数据的传输与操作。两个计算节点之间的离子-离子纠

缠过程由两个离子和两个光子参与,两组离子-光子纠缠态中的光子在经过分束器时发生双光子干涉,从而产生预报式的离子-离子纠缠[11-12]。

量子由叠加态变为确定状态的过程就是量子退相干。为了实现分布式量子计算,远程纠缠的产生速率应尽可能快于任一节点该物理系统的退相干时间或远程的离子-离子纠缠态退相干时间。无桥不成路,远程纠缠就是在相隔遥远的两个节点之间建立一座通信桥梁。"搭桥"速度自然需要快于"拆桥"速度才能完成节点间的通信。

远程纠缠的产生速率除了和物理系统的内在属性有关,还和离子-光子型量子网络的传输效率、传输损耗等有密切联系。总传输效率取决于光学系统收集离子发射光子的效率和整个光学系统的传输效率的乘积。光子的收集效率会直接影响传输效果,主要影响因素有收集物镜的数值孔径以及光和光纤耦合的模式匹配。例如自由空间中影响光子收集的因素,一是收集镜头的立体角受到空间上的限制,即收集镜头能够捕获到的范围有限,过小的收集角会影响纠缠试验的成功率,二是光偶极子模式与光纤模式的模式匹配度较低时会大大减少光学系统中传输的光子数。

利用光子携带量子比特信息的想法也为量子网络的构想奠定了基础。离子阱量子计算机可以作为未来量子网络的节点,用于实现对量子网络中量子信息的存储及处理。

理查德·费曼曾经说过,没有人理解量子力学。深奥的量子力学理论给量子计算机的未来蒙上一层神秘面纱。量子计算不仅仅是一种科学真理,更承载了深厚的技术理想。它既是颠覆性的基础科技,可应用于密码学、金融、化学等需要复杂计算的领域,也将是智能时代的算力引擎,成为未来网络的技术基础,促进更多新技术的诞生。

参考文献

［1］ 郭光灿,郭涛,郑轶.量子计算机[J].量子光学学报,1997(01):2-15.

［2］ Schmidt-Kaler F,Hafffner H,Riebe M,et al.Realization of the Cirac-Zoller Controlled-NOT Quantum Gate[J].Nature,2003,422(6930):408-410.

［3］ Amini J,Dension D,Doret S C,et al.Plug-and play Planar Ion Traps for Scalable Quantum Computation and Simulation[C].APS Division of Atomic,2011,42:OPE.11.

［4］ Cirac J I,Zoller P.Quantum Computations with Cold Trapped Ions[J].Physical Peview Letters,1995,74(20):4091.

［5］ Cirac J I,Zoller P,Kimble H J,et al.Quantum State Transfer and Entanglement Distribution among Distant Nodes in a Quantum Network[J].Physical Review Letters,1997,78(16):3221.

［6］ Monroe C,Meekhof D,King B,et al.Demonstration of a Fundamental Quantum Logic Gate[J].Physical Review Letters,1995,75(25):4714.

［7］ Wright K,Beck K M,et al. Benchmarking an 11-qubit Quantum Computer [J]. Nature Communications.2019,29(10):5464.

［ 8 ］ Amini J M，Uys H，Wesenberg J H，et al.Toward Scalable Ion Traps for Quantum Information Processing［J］.New Journal of Physics，2010，12(3)：033031.

［ 9 ］ QIA.QIA establishes the first entanglement-based quantum network［EB/OL］.（2021-04-15）. https：//quantum-internet. team/2021/04/15/qia-establishes-the-first-entanglement-based-quantum-network/.

［10］ Dauan L M，Monroe C.Quantum Networks with Trapped Ions［J］.Reviews of Modern Physics，Vol. 8，2010：1220-1222.

［11］ Barrett M D，Chiaverini J，Schaetz T，et al.Deterministic Quantum Teleportation of Atomic Qubits ［J］.Nature，2004，429(6993)：737-739.

［12］ Olmschenk S，Matsukevich D N，Maunz P，et al.Quantum teleportation Between Distant Matter Qubits［J］.Science，2009，323(5913)：486-489.

单光子为什么是量子科技的"源头"？

刘智颖

我们对量子信息的兴趣出现在 20 世纪 90 年代。在该领域的发展过程中，单光子已经成为不同类型量子硬件的必要构件。

在量子技术的背景下，单光子的产生和操纵也已经成为量子通信和量子计算等应用的关键因素，也是量子计量学、生物学和量子物理学基础实验的关键因素。2023 年 5 月 26 日，发表在 *Nature Reviews Physics* 的一篇文章概述了单光子源的定义和特征，并讨论了单光子源对量子通信和量子计算的应用（图 1）。

nature reviews physics   https://doi.org/10.1038/s42254-023-00583-2

Review article   ⊛ Check for updates

Applications of single photons to quantum communication and computing

Christophe Couteau ⊕[1], Stefanie Barz[2,3], Thomas Durt[4], Thomas Gerrits[5], Jan Huwer ⊕[6], Robert Prevedel ⊕[7], John Rarity[8], Andrew Shields[6] & Gregor Weihs ⊕[9]

图 1

要 点 概 述

• 单光子是量子通信的关键元素，它们可以被用来实现量子密钥分发、连接量子网络。

• 量子通信需要电信波长范围内的单光子，这在技术上仍然具有挑战性。

• 用单光子进行量子计算是未来量子计算机的一个可行平台。对单光子的质量和数量的要求非常高——这是实现线性光学量子计算的主要限制。

• 我们仍然需要研究开发紧凑的源，以产生按需的、无差别的和尽可能高发射率的

---

* 本文在量子科普作品评优活动中获图文组二等奖。

单光子。

一、什么是单光子？

对单光子进行定义和表征并不是一件容易的事,尽管对这个问题进行了几十年的研究,但光子的概念仍然令人费解,这有时会使其在应用中变得相当棘手。

最简单的定义是,光子是最小的、离散的电磁辐射量;或者,正如阿尔伯特·爱因斯坦在 1905 年所介绍的那样,光子是光的量子。光子是无质量的玻色子,与任何量子物体一样,它们同时具有粒子和波的特性。根据不同的实验条件,人们既可以探测光子的粒子行为,也可以探测光子的波动行为,但要记住这两者总是存在的。对于粒子性质,人们可以使用福克态形式主义,其中模式(麦克斯韦方程的解决方案)的占用被量化为光子数量算符的特征值。然后,单个光子就是特征值为 $N=1$ 的模式的状态。对于波的性质,采用的是时空光子波函数形式主义来描述。在 20 世纪 60 年代,格劳伯(Glauber)通过为解释激光、黑体辐射和单光子源(SPS)的光子统计奠定基础,统一了现在被称为量子光学的学科。格劳伯的形式主义通过一阶相关函数 $\varphi E(x,t)$ 来描述光子的波行为。在这个形式主义中,人们定义了单光子的波函数,它再次服从麦克斯韦方程。

一个 SPS 可以通过实验手段来表征和识别。图 2 描述了如何测量 SPS 的两个特征属性。有趣的是,这两个实验确实分别测试了光源所发出的光的微粒和波动特性。

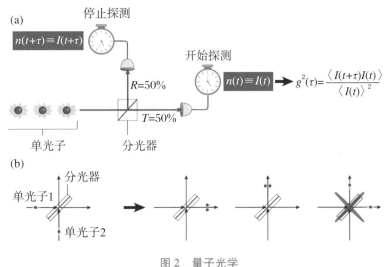

图 2　量子光学

(a) 汉伯里·布朗和特维斯(Hanbury Brown and Twiss)实验的测量:$g^{(2)}$ 函数(即强度自相关函数)参数与分光器(R,反射;T,透射)输出端的两个探测器中同时出现的点击次数成正比;当一个时间 t 只有一个光子,输出端的时间延迟 τ 为零时,同时出现的点击次数为零;I 是经典的光强度,n 是以光子数量计算的量子等效光强度。(b) 洪-区-曼德尔(Hong-Ou-Mandel)效应可用于表征光子的可辨别性。它测量的是当一个光子通过每个输入端口进入时,分光器输出端的重合点击。当光子具有相同的状态(模式)并在同一时间到达分光器时,它们是不可区分的,并且重合的点击次数为零。

一般来说，SPS 的单光子发射由四个参数定义：它的纯度（是否每次最多只有一个光子，由汉伯里·布朗和特维斯实验决定）、它的保真度（两个光子彼此的不同程度，由洪-区-曼德尔实验测量）、它的生成率（每秒能提供多少光子）和源的效率（在实验装置结束时实际得到多少光子）。

不同的应用对所使用的单光子的特性有不同的要求。我们应该强调，在某些情况下，人们可以使用弱相干态作为单光子的近似值。弱相干态是强衰减的激光束，但它保留了它们的统计特性，特别是 $g^{(2)}(\tau)=1$，因此不属于 SPS 的范畴。不过，对于所有的应用，一个不变的事实是，一个单光子源可以提供零、一个或多个光子，多于一个光子的情况对本文及参考文献中描述的所有应用都是不利的。

二、如何产生单光子？

至少有三种产生单光子的方法（图 3）。

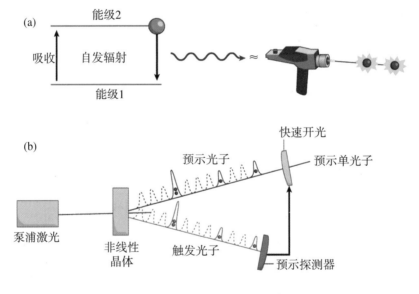

图 3　单光子源

（a）两能级系统。产生单光子的一个可能方法包括激发两能级系统，并等待它正好发射一个光子而衰减。（b）预示单光子源的原理。一个"红色"光子对的非线性晶体源被一个紫外脉冲激光器泵浦。在较低的泵浦功率下，晶体发射的大部分是空对脉冲，其中有一小部分（μ）是单对，更小部分（μ_2）是双对。通过预示探测器的检测，使用快速开关对单光子脉冲进行门控。这个随机的脉冲序列会因暗计数产生的假触发器和高阶项而略有退化，后者可以通过降低 μ 来减少。

第一种是使用一个发射器。在这个发射器中，我们可以识别并分离出两个能级，在自发发射时提供单光子。

第二种是使用一个预示单光子源（heralded SPS）。在这里，通过自发参量下转换（SPDC）的机制，人们在两个空间上分开的模式中同时产生一对光子。在一个地方检测到其中一个光子（触发光子，trigger photon），预示着另一个光子将在很短的时间窗内出现在另一条路径上（预示光子，heralded photon）。

第三种是使用一个极其非线性的过滤器，通常称为光子阻塞（photon blockade）。在这里，人们将一束弱的激光送入一个只能传输单光子，而不能传输成对或高阶状态光子的介质——该介质可以是一个嵌入量子发射器的腔体。如果空腔的双光子状态与传入的场不发生共振，则只有传入的光子状态的单光子部分被传输。

对于每一种产生单光子的方式，都有多种技术、材料和工艺可以实现，其中一些技术在某些应用中比其他应用更有意义。

我们可以将 SPS 分为两个主要类别："自然"类和"工程"类。自然类利用自然界给予我们的单原子或单分子制成；工程类涉及来自半导体、高带隙材料和 0D、1D 到 2D 材料的固态光源（如通过物理方法生长的半导体量子点）和胶体纳米晶体（通过化学方法生长），也包括金刚石基质中的色心和 2D 材料的"缺陷"。

例如，一个似乎"勾选了所有方框"的 SPS，使用半导体 InGaAs 量子点，在最终光纤的输出端实现了高达 57% 的效率，平均双光子干扰可见度的保真度为 97.5%，并且所有的特性都保持到了高达 1 GHz 的时钟速率（在脉冲激发下，因此是脉冲发射）。

有预示的和无预示的 SPS 之间有很大区别。预示的 SPS 通常是由 SPDC 机制获得的，它遵循热统计学发射，这意味着对于获得一对光子的给定概率（从而在一个臂中获得一个预示的光子），总有一个非零概率获得两对光子（或更多）。因此，这种 SPS 的生成率总是有限的：人们需要在低激励水平下工作。多路复用可以规避这个问题，但代价是一个更复杂的系统。

三、如何检测单光子？

检测单光子与有效地生产或操纵它们同样重要。根据不同的应用，人们必须针对以下不同的需求进行考虑：

- 探测所有进入的光子。
- 能够检测任何光子的能量。
- 能够解决传入光子的数量问题。
- 能够在没有背景噪声的情况下探测到它们。

对"完美"探测器的追求仍在继续，许多方面都必须考虑到，如所需的波长范围、速度、宽动态范围等。为了满足自己的需求，人们必须选择不同的材料、电子器件、低温光学接口,等等。

单光子探测器(SPD)是一种高灵敏度的光电探测器,可以探测单个光子。它可以对单个光子进行计数,实现对极微弱目标信号的探测,在光量子信息技术、人眼安全激光雷达、光子源表征等领域有着广泛的应用(图4)。

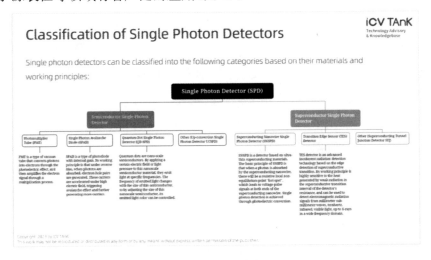

图 4   SPD 的分类

根据检测器材料的不同,SPD 可分为半导体单光子探测器和超导单光子探测器。根据器件检测原理的不同,半导体单光子探测器可进一步分为光电倍增管(PMT)、单光子雪崩光电二极管(SPAD)、频率上转换单光子探测器(UCSPD)等。而超导单光子探测器可进一步分为超导隧道结探测器(STJ)、转变边缘传感器(TES)、超导纳米线单光子探测器(SNSPD)等。

目前,大多数商业探测器是由半导体或超导体材料制成的固态探测器(图5、图6)。

Typical Parameters of Commonly Used SPDs

Detector type	Operation temperature/K	Effective area/mm	Wavelength range/μm	System detection efficiency@ wavelength/ (%@μm)	Dark count rate/Hz	Timing jitter/ps	Dead time/ns	Max. count rate/MHz
PMT	300	Φ5	0.2--1	50@0.5	100	300	50	10
IR-PMT	200	Φ1.6	1--1.7	3@1.5 60@650	200000	300	50	10
SI-SPAD	250	Φ0.05--3	0.5--1.0	80@0.8 10@1.0	2000	50	100	10
InGaAs—SPAD	200	Φ0.05	0.9--1.7	25--55@1.5 >	2000	150	10--100	10--500
SNSPD	1--4	Φ0.015--0.1	0.2--9.9	80@0.2--1.5	100	50	50	10--500
TES	0.1	0.02×0.02	Millimeter Wave	95@0.85--1.5	0	10^3--10^5	1000	0.1--1

Sources: ICV TANK

图 5   不同的单光子探测器有不同的优点和缺点

目前使用的 SPD 的典型参数。可以看出,基于半导体的单光子探测器大多工作在可见光范围内,与超导单光子探测器相比,在红外范围内的探测效率较低,暗计数较高。

目前有四个系列的这种单光子探测器，它们是光电倍增管、单光子雪崩光电二极管（可见光范围的探测器由硅制成，近红外（IR）范围的探测器由 InGaAs 制成）、超导纳米线单光子探测器和转变边缘探测器（TES，通常由钨制成）。

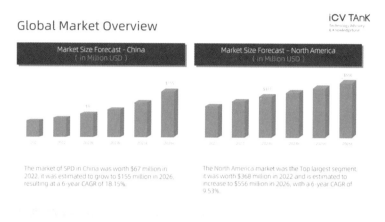

图 6　2022 年中国 SPD 市场价值 6700 万美元，预计到 2026 年将增长到 1.55 亿美元，6 年复合年增长率为 18.15%

光电倍增管以光电效应为基础，主要用于紫外到可见光范围。单光子雪崩光电二极管是在所谓的"盖革模式"下工作的半导体光电二极管，而超导纳米线单光子探测器（近红外范围）和转变边缘传感器（中红外范围）是在接近临界相变的低温下工作的超导材料，其特殊性在于转变边缘传感器是测光仪，能够分辨进入的光子数量（到目前为止，在 1550 纳米的电信波长下最多）。

四、如何应用于量子通信？

量子通信领域一般涉及空间不同点之间的量子信息传输。光子已经是通过光纤的"经典"信息的载体。它们也适合于编码量子比特，它们在速度、相干性和低传播损耗方面的有利特性使得量子信息可以远距离传输。

量子密码学是一种保障经典数据通信的方法，是迄今为止量子通信中最先进的子领域，它基于一个基本的量子现象：由一个可观测物（在时间、能量或偏振方面）的测量引起的波函数塌缩。这导致了所谓的量子不可克隆定理，并能可靠地检测出第三方对传输的量子比特流的任何窃听企图——这在传输用激光脉冲编码的经典比特时是不可能做到的，并且每个激光脉冲都包含大量的光子。

量子密钥分发（QKD）允许在网络中两个遥远的点之间安全地生成密钥，然后用于加密经典数据，加密后的经典数据通过公共信道传输。目前，这一领域已经开发了许多不同的方案，第一个也是最流行的方案是 BB84 协议。

更加通用的量子通信网络通常被称为"量子互联网",这需要将遥远的量子计算设备(如处理器和模拟器)相互连接,并在全球范围内可扩展地传输量子比特。尽管使用衰减的激光器,QKD协议也可以方便地使用弱相干态(WCS)来实现,但基于量子传送的高级量子网络基础设施(如量子中继器)严重依赖于确定性光子源的可用性。

纠缠的产生、分发和存储是这些系统的核心,合适的单光子或纠缠光子对源是关键的使能技术之一。

由于量子通信协议通常在某一点上与单光子传输(量子信道)有关,光子损耗是实施中的限制因素,引起错误率的增加和效率的下降。因此,通过在最佳波段工作来保持低损耗是最重要的。对于在现有的单模光纤网络上的传输,在1460—1625纳米之间的电信S波段、C波段和L波段可以实现最低损耗。其中,以1550纳米为中心的C波段是最广泛实施的选择;在电信O波段(1260—1360纳米)的操作只有稍高的损失,但有零色散的好处,并为数据通信释放更长的波长。

单光子在自由空间的传输与低地球轨道上的卫星的量子通信链接也有关。在这里,在800纳米左右的可见光谱的长波长端操作对降低损耗最有利。然而,在电信C波段操作具有在白天操作时噪声较小的好处。

为了实现量子信道的高数据容量及其与最先进的QKD技术的兼容,在千兆赫兹时钟速率下操作目录2中时间小于200 ps的光子源以有效利用检测器门宽是另一个重要标准。考虑到未来在紧凑的终端用户硬件和由广泛分布的网格(很可能无法进入)节点组成的量子网络基础设施中部署源(图7),之后的科研重点应该放在开发强大的设备平台,保证简单和可靠的长期运行。

Source	Wavelength	Clock rate	Indistinguishability	$g^{(2)}(0)$	Transmission distance (km)	Excitation	Operation
SPDC	Vis-C	2.1MHz (ref. 15)	0.96 (ref. 193)	0.004 (ref. 14)	1,700 (free space)[129]	Optical	Prob.
FWM	Vis-C	100MHz (ref. 129)	0.89 (ref. 129)	0.09 (ref. 129)	15.7 (fibre)[129]	Optical	Prob.
WCS	Vis-C	10 GHz (ref. 42)	0.499 (ref. 217) (theoretical limit: 0.5)	1	1,200 (free space)[83]	Electrical	Prob.
QD	700–900 nm, O, C	3GHz (ref. 57)	0.996 (res.) (ref. 58); 0.92 (n. res.) (ref. 218)	0.003 (ref. 58)	18 (fibre)[198]	Optical, electrical	Det.
NV	Vis	5MHz (ref. 134)	0.9 (ref. 96)	0.003 (ref. 134)	~1 (fibre)[96]	Optical, electrical[219]	Det.
Atoms	Vis	8.1MHz (ref. 220)	0.95 (ref. 217)	0.002 (ref. 221)	0.7 (fibre)[90]	Optical	Det.
Carbon nanotubes	Vis-C	90MHz (ref. 59)	0.79 (ref. 222)	0.01 (ref. 59)	–	Optical, electrical	Det.
Two-dimensional materials	Vis	82MHz (ref. 223)	–	0.09 (ref. 224)	–	Optical, electrical	Det.

图7 成熟的单光子产生的物理系统和它们的相应性能参数

每一行的数值可能来自于不同的实验/同一实验在不同条件下的实验,现在只说明了不同物理系统假设的整体性能。Det.,确定性;FWM,四波混合;NV,氮空位;Prob.,概率;QD,量子点;SPDC,自发参量下转换;Vis,可见;WCS,弱相干态。

现在,三类较为成熟的单/纠缠光子源在量子通信应用的某些方面有很大的潜力(图8)。

研究最广泛的光源是基于SPDC或四波混合。尽管这些源如今操作起来相当简单,实现了高的纠缠保真度,并能在讨论的任何一个通信窗口发射,但它们不是亚泊松的

（统计量的波动比泊松统计量小）；在涉及光子不可分性时，需要对光谱特性进行设计。由于热统计学的规律，最大效率被限制在 25%，不过，预示的 SPS 的复用方法目前在克服这一限制方面取得了进展。

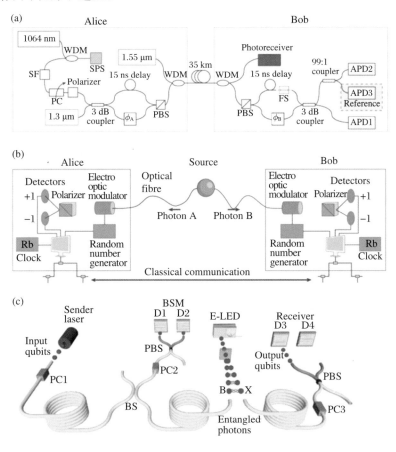

图 8　量子通信中的单光子应用

（a）使用电信量子点（QD）单光子源（SPS）在 35 公里的光纤上用时间箱（time-bin）量子比特进行量子密钥分发。（b）使用自发参量下变频产生的偏振纠缠光子对进行量子密钥分发。（c）使用电驱动的 QD 纠缠光子对源（E-LED）的量子中继，发送器、贝尔状态分析器（BSM）和接收器分别由 350 米的光纤隔开。

　　最有希望的确定性对应物是基于单个半导体 QD 的源，它也可以用于发射单光子或纠缠光子对。基于 QD 的光源的一个主要优势是其潜在的简单电操作而不需要激光。尽管这通常是以降低光子相干性为代价的，但这对可扩展的量子通信方案至关重要，这使得这些器件成为量子通信应用中稳健和安全部署的主要候选器件。

　　另一类光子源对量子通信特别重要，它们是基于单个激光冷却的原子或金刚石中的缺陷中心，它们的共同点是静态自旋量子比特与发射的单个光子的量子态相耦合。尽管缺乏与光纤电信频段的兼容性，并且所使用的长寿命激发态只有较低的运行速度，这些源在量子中继器的应用上有很大的潜力，因为它们实际上是静态的量子存储器，通常可以选择确定性的高保真态进行操作和读出——这是实现大距离纠缠互换的量子中继器链的关键任务。

1. 使用单光子源的量子密码学

由于多年来缺乏便携式 SPS，量子密码学领域已经适应了使用 WCS 激光源——它现在几乎是每个 QKD 系统的标准工作配置。诱骗态协议的实施允许检测窃听企图（即使单光子系统中的弱相干激光脉冲被用于传输量子比特），该技术目前的水平是以千兆赫的时钟速率运行系统，而安全（量子）比特率超过 10 Mb/s^{-1}、最大传输距离超过 240 公里（光纤）和 1200 公里（自由空间）。

将量子通信硬件集成到现有的通信网络中的重要一点是与经典数据流量复用的能力。这可以通过坚持使用经典通信中使用的波分复用方法来可靠地实现，要求未来的 SPS 符合相同的经典波长标准。

即使目前 QKD 技术的安全性不会因为使用 WCS 源而受到影响，但它们的操作本质上是概率性的：这对于通常使用的平均光子数为 0.4—0.5 的信号状态效率有限（大约为 30%—40%）。只要确定性的 SPS 超过这个界限，它们在量子密码学中的使用就会有明显的优势，从而产生更高的安全比特率，特别是在更长的传输距离上。

2. 基于纠缠的量子通信

超越简单点对点加密的量子通信应用大多需要以某种形式分配纠缠。在量子中继链中，量子比特从一个中继站连续传送到另一个中继站，一个节点的投影贝尔状态测量会作为预示事件，预示着一个量子比特到达下一个节点。这有效地减少了一些主要由探测器暗计数引起的噪声，从而延长了整体传输距离。

纯粹的光量子中继并没有解决由于光子损失而产生的可扩展性问题，因为单个量子比特仍然需要通过光纤进行物理传播。相比之下，量子存储器辅助的中继器有望通过量子比特的远距离传输来解决这个问题，而之前的链接端点之间的纠缠分布是远距离的。长距离纠缠是通过中间量子中继器节点之间的纠缠互换产生的，量子中继器确实有助于确保更远距离的安全通信，但是它们无助于提高数据速率，因为这仍然是由光量子的原始源提供的。

人们可以用三种不同的方法来实现量子中继器。第一种方法是将光子源和中继器的存储器完全分开，因此必须在这两种技术之间实现良好的接口，以便实现光子到静态量子比特的有效纠缠转移。使用预示的 SPS 和单原子、稀土掺杂的晶体量子存储器，基于原子的 SPS 和量子存储器，以及基于 QD 的 SPS 和量子存储器，已经进行了量子存储器系统控制吸收单光子的初步实验。它们显然拥有很高的效率，因此，光子源和量子存储器的确定性操作与良好的带宽匹配对可扩展的实施同样重要。

第二种方法是利用可同时作为量子存储器的 SPS，例如，发射与单个或集体自旋纠缠的单光子。通过对光子的投影测量产生两个节点之间的遥远纠缠，在这种纯概率的方法中基于巧合检测产生预示事件，有效地抑制了噪声。这使得它即使在非确定性的低效率源下也是可行的。

第三种较新的量子中继器的方法是纯光子的，不需要量子存储器（至少在建立超越QKD 的通用量子通信信道时，对长距离链路中的所有中间节点是如此）。与之前讨论的方法的显著区别是，这一方案的中继器节点之间不需要经典通信，这也是其他中继器方案中需要长量子比特存储时间的主要原因之一，该方案需要类似于全光量子计算中使用的大规模光子集群状态。到目前为止，这个中继器方案是唯一一个在实验中成功实施的方案：使用 6 个 SPDC 光子对源。

对于使用确定性 SPS 产生簇状状态 QD SPS 取得了很好的进展。通过卫星上的可信节点或基于不可信节点的新 QKD 方案（如独立测量设备 QKD 或双场 QKD），对QKD 的长距离扩展性问题也有很好的中间解决方案。

3. 量子通信的现场演示

在现有的光纤网络上，已经有许多 QKD 的演示。由于真正便携式的和有效的确定性 SPS 仍未广泛使用，其中绝大多数都是用 WCS 源或概率预示源完成的。

由于目前在正确波段产生真正单光子的来源的复杂性要高得多，到目前为止，现场演示的情况非常少。虽然没有使用标准的电信网络，但通过双光子干扰实现的远距离物质量子的宏观纠缠已经在几百米的距离上得到了证明。与标准电信频段的不兼容是目前这些方案扩展到更大距离的主要限制。在这方面，量子频率转换是一个可能的解决方案——尽管其代价是增加了复杂性。

另一种有希望的、可能更简单的方法是直接使用在电信频段发射的 QD 单光子和纠缠对源，这已经在大都市规模的标准电信网络中得到证明。

总的来说，尽管量子通信所需的所有构件都已经用不同种类的 SPS 进行了演示，但这些光源的实际应用仍然远远落后于基于 WCS 或非线性光子源的技术。这种情况目前阻碍了可扩展的量子通信链路的实施。需要确定性的亚泊松 SPS 或纠缠光子对源，才能最终建立一个全球规模的量子网络。

科学家仍然需要对物理系统进行研究，以获得一个确定性的 SPS，同时具有高效率（>50%）、高光子不可分辨性、千兆赫兹重复率和在实验室中的电信频段发射等特性。除此之外，在通信网络中应用的主要挑战将是在 SPS 中操作发射元件所需的周围技术的可部署性。这主要需要对稳定的激光系统进行进一步的小型化和集成，因为共振光学激发或激光冷却的发射器（QD、NV 色心和原子）需要这些系统，在可见光范围内发射的 SPS 需要频率转换器的小型化（NV 色心和原子），以及开发紧凑型低温冷却器，因为大多数基于固态的源（QD 和 NV 色心）都需要这些设备。

目前的新兴技术（例如碳纳米管或二维材料）可能不需要这些周边技术，从而可以大大促进量子通信的发展。然而，对这些系统的研究仍处于早期阶段，目前无法做出任何预测。

五、如何应用于量子计算？

单光子的另一个主要应用是在量子计算中。光子可以很容易地被设计成模式（路径和偏振）的叠加状态，允许在布洛赫球（用于代表量子比特）上产生任意状态。此外，单量子比特和双量子比特门可以用光子实现。一旦进入叠加状态，光子对退相干就有明显的弹性。

例如，一个在蟹状星云中以偏振状态产生的光子将在到达地球所需的 8000 年内保持偏振状态。然而具有挑战性的是，光子很容易被吸收或散射。

这么说来，创建一个定义明确且（相对）长寿的量子比特是第一步；接下来，需要量子比特之间的相互作用来创造多量子比特纠缠。但是光子只与环境发生微弱的相互作用，因此仅用线性元件创造光子-光子相互作用几乎是不可能的。不过，通过洪-区-曼德尔效应实现高能见度的双光子干扰导致了在后选择（post-selection）上操作的双量子门的发展。

在这种情况下，后选择意味着当记录到一个特定的测量模式时，门是成功的。原则上，高保真门是可以建立的，然后可以通过增加额外的单光子资源来缓解该过程的有限效率所隐含的损失。然而，对于量子计算，有一个可扩展性的要求，因为现实的计算需要许多量子比特。尽管少于 100 个量子比特也可以实现量子优势，但任意的、通用的算法将需要数百万个量子比特。

在这种基于线性光学门的理论机器中，许多光子将被用来编码单个量子比特，这样就可以用纠错来"保护"量子比特免受退相干、低保真度门和损失过程的影响。这种可扩展性对单光子的生产效率、光路的损耗统计和干扰操作的保真度提出了特殊要求。

用于可扩展量子计算的单光子源的性能要求：

• 高效率：光源应将近 100% 的单光子输送到所需模式。

• 高模式纯度：单光子需要占据单一的空间、光谱-时间或偏振模式，允许接近 100% 的洪-区-曼德尔浸透率。

• 高光子数量的纯度：源需要有一个非常低的概率产生更多的光子，从而使洪-区-曼德尔的可见性不受影响。

- 在本文范围之外，还有对电路损耗、检测效率阈值和快速前馈以及开关的进一步严格要求。
- 在某些结构中，保留单光子源与发射光子的纠缠也可以发挥作用。

可以注意到的是，这些要求比其他应用（如通信、计量学）的要求要严格得多。

为了使单光子能够实现量子计算，人们必须确保它们在效率、纯度和不可分性方面具有优异的特性。量子计算最突出的模型是基于门的量子计算，其中量子算法被分解为作用于单个或多个量子比特的量子门。然而，在光子系统的背景下，面临的挑战是光子不直接交互，因此基于光子学的量子门的实现需要一些变通。在 2001 年曾有研究表明，使用分束器、移相器、SPS 和光电探测器，用线性光学进行高效的量子计算是可能的。

实现线性光学量子门的两种方法是通过后选或通过使用额外的辅助光子和预示测量，后者的优点是可以连续应用多个门（图 9）。后选意味着光子进入一个线性光学电路，通过它，在输出端只选择特定的测量配置。

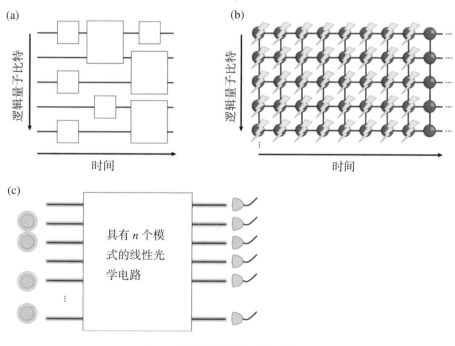

图 9　量子计算中的单光子应用

（a）基于门的模型，其中双量子门需要使用辅助光子和/或后选。（b）单向模型，这是基于对大规模集群状态进行单量子比特测量。节点代表物理量子比特，每一行代表一个逻辑量子比特。线条（连接）表示 CPhase 门被应用于生成集群状态的地方。首先，最左边的量子比特被测量，然后将结果反馈给第二列的测量指令，然后是第三列，以此类推……直到只剩下一列。（c）玻色采样是基于让光子通过线性光学电路散射。尽管（a）和（b）部分是通用量子计算的方案，但玻色采样在解决某些类型的问题时是有用的。

CNOT（control-NOT）和 CPhase（control phase）门都已经用散装光学元件进行了演示。由于这些设置需要长期的稳定性和可扩展性，通过所需的散装元件的数量而受到限制,扩大基于线性光学门方法的途径是集成。使用集成波导的电路,光学元件可以在一个小尺寸上实现,这就提供了长期的稳定性,这在这种类型实验中是至关重要的。

目前,有各种平台和技术来实现集成光路。例如,在二氧化硅中的飞秒写入、硅基绝缘体、硅基方法(硅基绝缘体 Si 和氮化硅)、铌酸锂和砷化镓……两种集成的量子门都已经使用不同的自由度(如路径或偏振)进行了演示。在此,CPhase 门和 CNOT 门已被证明是更复杂的量子电路或量子算法的基本构件,所需的单量子比特门在路径编码中使用移相器、在偏振编码中使用波片或元件旋转实现。另外,有可能将一种编码转换为另一种编码,从而使两种方法都能灵活使用。

线性光量子门也有利于利用线性光系统实现量子算法。通过它,著名的量子算法的原理已经被证明,例如 Grover 算法和 Shor 算法。最近,解决线性方程组的算法实现已经被证明,一些机器学习任务的原则性证明也已经被展示。在这些实验中,光子被用作测试平台,用几个量子比特来证明每个算法的基本功能。

量子计算的另一种方法是基于测量的模型,特别是单向量子计算。首先,生成一个高度纠缠的状态(簇态,cluster state),然后,通过单量子比特测量和前馈来实现计算。在光子系统的背景下,纠缠态是通过对单光子应用 CPhase 门来产生的;当使用纠缠光子源时,预纠缠态可以同样通过应用纠缠门被串联成更大的纠缠态。

为了进行单向量子计算,簇态的光子必须用特定的顺序和基组测量。根据测量结果,采用前馈操作——后续的测量角度取决于之前的测量结果。双量子比特门是通过使用簇态的纠缠来实现的,由于大多数光子簇态都是利用偏振自由度来证明的,所以测量相当于利用波片和偏振分光镜对某一偏振方向进行投影。

单向量子计算机也是盲量子计算(BQC)的基础:BQC 的目的是在网络中实现安全的量子委托计算。在这里,一个没有量子计算能力的客户将计算委托给一个量子服务器,从而使输入、输出以及计算本身保持秘密。其背后的想法是执行单向量子计算,但对编码状态进行测量。客户端在一个只有客户自己知道的随机状态下准备好量子比特,并对每个测量指令进行编码。量子比特和测量设置都被发送到一个量子服务器,在那里一个编码的簇态从编码的量子比特产生,对这个簇态执行编码的量子计算。输出结果被送回给客户,客户可以对结果进行解码。

光子系统很适合用于 BQC,因为它们允许在一个物理系统内进行信息处理和传输量子信息,这意味着光子不仅可以作为载体将量子信息从客户端发送到服务器,还可以在网络的一个节点内进行信息处理。最初的 BQC 协议及其变体已经在由少数光子组成的系统中得到证明。

用光子系统进行信息处理的另一种方法是玻色采样。这个想法是使用玻色子(在我们的例子中是光子),让它们通过一个由分束器和移相器组成的无源线性光学电路,然后从电路的输出分布中采样。事实证明,这项任务与矩阵的积和式的估算有关,对于经典计算机这是一个很难的问题。然而,光子系统通过利用分束器上两个玻色子的量子干扰自然地解决了这个任务。

玻色子取样的首次演示使用了少数光子,它也在集成的线性光学电路和光纤网络中显示出来。当使用通过 SPDC 产生的光子时,光子的发射是不确定的,这意味着准备一个特定的输入状态将需要一个指数级的漫长时间,并将破坏玻色采样的计算优势。然而已经证明,用 k 个预示的 SPS($k>n$) 作为干涉仪的输入,散射玻色取样可以恢复原来的优势。

按照这种方法,光子系统的量子计算优势已得到证明:在已有的实验中,已经检测到多达 76 个光子的相干,并且实现了 100 个模式的干涉仪。具有挤压态的集成片上方法也已被证明。光的挤压态是指在测量不确定性中被"挤压"的非对易观测量之一。

不仅如此,玻色取样已被证明在量子模拟中很有用,使用光的挤压状态,可以生成分子振动光谱。

将光量子技术扩展到更大的系统需要整合信息处理的光子源和元件。

在光子源方面,一个重要的发展是基于 QD 的光子源,具有高的生成率和近乎单一的不可分辨性:这使得这些光源接近于满足线性光学量子计算应用的要求。到目前为止,这些实验是使用单个 QD 源进行的,主要是在散装光学实验中,将连续的单光子路由到不同的光路。开发具有明确光谱的确定性放置的固态源,可以很容易地叠加以展示独立点之间的高能见度干扰,这对可扩展性至关重要。

集成光子源的另一种方法是利用硅的固有非线性。色散工程的硅波导现在正在产生高光谱-时间纯度的预示性单光子,适合在芯片上建立高保真的线性量子门。挑战是如何在片上建立低损耗的时间延迟和快速开关,将成功预示的光子栅极化。一旦有了理想的高效单光子片上生成器,用光子进行量子计算的发展所面临的最大问题将是纠缠门的不确定性,这实质上带来了另一个降低吞吐量的效率因素。理论上可扩展的量子计算方案设想了灵活的簇态计算模式概念,其中预示的单光子被组装成三光子 GHZ 态,然后合并成复杂的三维簇态,发展融合门的成功率高于渗流阈值。

当门和纠缠的产生成为确定性的时候,这种扩展的开销就可以减少。这可以在 SPS 中实现,其中发射(或散射)的单光子与发射器的基态自旋密不可分地相干。这样的方案已经开始在实验室中用金刚石中的囚禁离子和 NV 色心实现。然而,还需要进一步发展高效率的 SPS,其中发射的光子与源中的局部量子比特(或量子比特簇)纠缠,从而发展分布式的量子计算机。

双光子干涉与量子逻辑门

魏梦琪

量子计算机是量子信息科学最重要的研究方向之一,依赖于量子力学的叠加态等物理特性,量子计算机具有并行计算的能力。量子计算机相对于经典计算机具有指数级增长的计算能力。那么量子计算的原理究竟是什么呢？为什么会拥有并行计算能力呢？让我们先从量子力学的叠加态开始说起。

一、微观世界中的量子叠加态

在我们熟悉的经典世界中所有宏观事物的位置,在某一时刻都是确定的。比如当人在房间中时,某一时刻只能在厨房或者卧室,但到了微观的量子世界中,物体在某一时刻却可以同时处在两种不同的位置上。如果我们还以人做比喻则量子世界中的人可以同时处在卧室和厨房两个房间中。这种现象就叫作微观世界中的量子"叠加"态。

二、量子计算机的信息编码

在我们常用的个人计算机或者智能手机等基于经典计算原理的设备中,存储和计算的信息通过内部数字电路的电压高低来进行二进制编码,比如低电平代表 0,高电平代表 1,每一个比特在某一时刻只能存储或者处理 0 或者 1 一个数字。但量子计算机却与此完全不同,量子计算机利用量子叠加态来进行编码

也就意味着,一个量子比特可以同时存储或者处理 0 和 1 两个数字,(计算)能力是经典计算机的两倍。当量子比特数增加为 N 时其能力为经典计算机的 2^N 次方倍。也就是量子计算机相对于经典计算机的能力可以指数增加(图 1)。理论上当量子计算机的量子比特数大于 100 时,就可能在某些特定问题上超越世界上最快的超级计算机。

---

* 本作品在量子科普作品评优活动中获视频组二等奖。

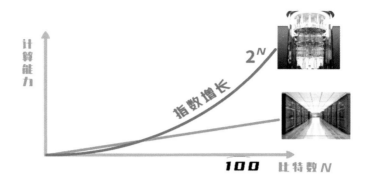

图 1　量子计算机计算能力示意图

三、光子体系的量子计算

实现量子计算机的物理体系有很多种,比如超导体系、离子阱、半导体等。光子体系的量子计算是其中一条重要的发展路径,并且具有独特的优势。光子是实现量子信息功能的常用手段,具有成熟的量子态制备、调控、测量的器件和方法。光子间无相互作用力并且是天然的"飞行"量子比特,因此光子体系量子计算机更加稳定,可兼容未来的远距离量子互联网等。

由于光子间没有相互作用力,实现光子间的纠缠和叠加运算就存在很大的困难,以至于直到 2001 年 KLM 光量子计算方案出现之前,学界认为通用光量子计算一定需要非线性器件才能实现。KLM 方案的提出,第一次让人们意识到利用线性光学也可以实现光量子计算,是光量子计算具有里程碑意义的一个进展(图 2)。而 KLM 方案的核心就是利用双光子干涉这一量子光学的独特现象来实现多个光子间的相互纠缠和影响。

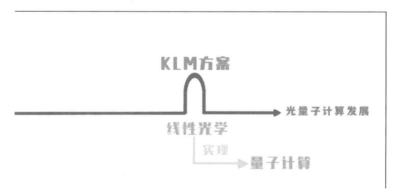

图 2　KLM 方案

四、双光子干涉效应

双光子干涉效应是量子光学中的一种基础物理效应。该效应是在 1987 年由罗切斯特大学的三位物理学家提出并实验实现的,也被称为 HOM 效应。当两个完全相同的单光子进入一个 1:1 分束器(每个输入端口一个)时,就会发生这种效应。这里的完全相同指的是光子的波长、相干长度、偏振、到达时间等多个物理维度均完全一致,不可分辨。

两个光子同时到达分束器共有 4 种输出状态,当两个光子交叉输出分束器时两种状态相位相反,所以会相互干涉抵消。当两个光子从同一出口输出时,两种状态相位相同,所以不会发生干涉抵消,因此最终这两个光子总是从分束器的同一出口输出。

基于双光子干涉可以利用线性光学器件,实现两比特的量子控制非门即 CNOT 门。CNOT 门是 Control Not Gate 的简称,C 指 controlled(受控的),Not Gate 即量子非门,也即量子 X 门,连起来就是执行有条件的、量子比特翻转的门,也称 CX 门。CNOT 门有两个量子比特输入,一个被称为控制比特,另一个被称为目标比特。如果控制比特的状态为 $|0\rangle$,则目标比特的状态保持不变;如果控制比特的状态为 $|1\rangle$,则目标量子比特的状态翻转(图 3)。

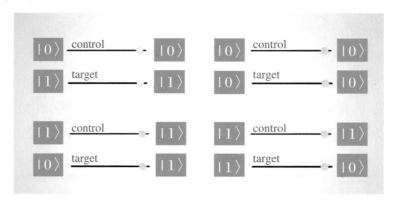

图 3　CNOT 门工作示意图

量子逻辑门和经典逻辑门的区别是,当控制比特或者目标比特处于叠加态时,上述功能仍然可以实现。在具体实验中,利用多个分数比为 1/3 和 1/2 的光学分束器处发生的双光子干涉过程,可以概率性(1/9 的概率)地实现路径编码量子 CNOT 门。两量子比特的量子 CNOT 门是光子体系量子计算最重要的逻辑门,它与任一单比特量子逻辑门组合理论上就可以实现普适的量子计算,即可以构建出通用的量子计算机。

光子体系的通用量子计算机,目前还处在研究阶段。目前在特定数学问题的计算上,如玻色采样问题,光量子计算机已经可以超越经典超级计算机的计算能力,成为实现量子计算优越性的标志性事件。

五、量子计算机的不足

但光子体系的通用量子计算机存在概率性计算光子衰减以及空间光路稳定性不高等问题,仍然无法实现大规模通用量子计算。利用集成光学的技术将光量子计算机在光集成芯片上实现,可以解决上述稳定性等问题,适合量子比特数的大规模拓展,是现阶段光量子计算机发展极具潜力的方向。未来基于集成光学的量子计算机仍然可能是实现通用量子计算的重要技术途径。

未来畅想：如何实现100万个量子比特的纠缠和量子计算

陈明城　丁　星　顾雪梅　吴玉林　陆朝阳

目前,科学家们基于各种不同的物理体系和不同的途径开展了量子计算的研究。在进入正题之前,先分享英国帝国理工学院特里·鲁道夫(Terry Rudolph)教授对此的一段叙述[①]：

量子计算技术具有难以想象的巨大潜力,并且在通信、高精度测量以及其他还不可预见的领域中具有可以期待的相关衍生应用。目前,其大规模物理实现的瓶颈还在于研究者的创新能力和实验技术,而不是研究经费和资源的多少。正被严肃研究的每一种量子计算实现路线(基于不同的物理体系和途径)都有助于我们更深入理解所涉及系统的物理规律,同时也将工程的极限不断向前推进。作为一个科学共同体,我们现在拥有各种类型迥异的物理系统,在这些系统中,我们正努力实现对每个单独的基本组成单元的精密操控。不管采取哪种方案,我们都希望在不久的将来实现大规模量子纠缠,而纠缠正是所有量子奇异现象的精要所在。

人类已经历经了"第一次量子革命"。在这次技术革命中,相比量子纠缠来说不那么奇异的量子现象(例如,离散能量、隧穿效应、叠加效应和玻色凝聚等)为人类催生了一系列新技术(例如,晶体管、电子显微镜和激光器等),这些技术又推动了计算机、GPS和互联网等的发展,所有的政治家今天也可以看到它们每一项的价值都至少是数十万亿美元级别的。正如第一代量子技术需要在不同系统上实现一样,第二代量子技术也可能会走类似的路线。如果对于所有的第二代量子技术,仅仅一种物理系统就能实现所有功能,那将是非常令人惊奇的。历史已经证明,几乎所有偶然的科学发现都是在我们突破物理极限(如

---

*　本文为编委会特别推荐文章。原文首发于"墨子沙龙"微信公众号 https://mp.weixin.qq.com/s/naudkr8wq-ckxavfzpa4hg。

①　翻译自 APL Photonics, 2017, 2: 030901。

使材料比以往更低温、更纯净、更小等)的过程中涌现的。而这正是目前实验量子信息科学正在做的事情。

因此,对于大部分想有所作为的研究生来说,无论是从事量子通信、量子精密测量、还是量子模拟和计算,一定不要盲目追求时髦、轻信新闻媒体的宣传,重要的是把特定的物理体系的潜力发挥到极致(图 1)。

图 1

一、超导量子计算

量子计算最近几年频繁出现于各种科技新闻报道。量子计算机凭借其强大的计算能力,将会给人类信息处理的方式带来颠覆性的改变。当然,美好的东西往往不是那么容易实现的。事实上,量子计算的理论早在 20 世纪 80 年代就有了。过去几十年里,大量的科学家一直致力于实现量子计算机,但直到今天我们还没有真正可用的量子计算机。可见,实现量子计算机是非常困难的。

作为一名超导量子计算研究者,在这里简单回答一下制备一台超导量子计算机主要有哪些挑战。

2019 年,谷歌利用超导量子计算机首次在实验上证实了量子计算机具有远远超过超级经典计算机的计算能力,展示了"量子优越性"(图 2)。这是一个划时代的实验,要知道,以前量子计算机的超强计算能力仅仅是理论上的估计,从未被实验证实过,是否真正可行是一直存在质疑的。从此以后,量子计算机具备超强计算能力成为确切无疑的事情。

图 2

图片来自 Nature，2019，574：505-510。

然而，我们离制造出一台有实用价值的量子计算机还非常遥远。量子优越性实验仅仅是通过一个特殊设计的算法，证实了量子计算机具备超强计算能力，但这个算法是没有任何实用价值的。按照现在的估计，一台能求解有实用价值问题的超导量子计算机需要有上百万个量子比特，而现在规模最大的超导量子计算机仅仅包含 53 个量子比特。可见我们离实用量子计算机还很遥远。

为什么需要上百万个量子比特呢？那是因为量子计算理论上所说的比特，是指完美的、不会发生任何错误的比特，专业上叫作"逻辑比特"。然而现实中的东西总是不完美的，超导量子计算机中的量子比特也是这样。我们把实际量子计算机中的量子比特叫作"物理比特"。对一个物理比特进行操作，结果会有一定概率出错。会出错倒也没什么，现实中大部分事情都这样，只要出错率低于能够容忍的阈值就可以了。

对于量子计算机，要想求解有实用价值的问题，这个能容忍的阈值实在太低，大概是百万分之一。这个阈值低到多"恐怖"呢，拿超导量子比特来说，对它的操控是通过 10 纳秒级微波脉冲实现的，这意味着要在一亿分之一秒的时间内，实现百万分之一精度的控制！大家知道，快的东西一般不准，准的东西很难快，而直接实现理想量子比特却要求同时做到极致快和极致准，这远远超出了人类科技所能达到的高度。量子计算机只能另寻解决方案：量子纠错。这就是我们为什么需要上百万个物理比特的原因。

做到一百万个量子比特有多难？我们可以看看超导量子计算的发展史（图 3）：2000年左右，第一个超导量子比特研制成功；然后，经过 15 年左右的发展，2014 年，超导量子计算处理器做到了 10 比特水平；又经过近 5 年的发展，到 2019 年，超导量子计算处理器做到了 50 比特水平。可以看出，要做到一百万个比特是极具挑战的事情，超导量子计算的发展还在很初步的阶段，还有很长的路要走。

面临的挑战首先是量子比特的实现本身就是非常具有挑战性的技术。要实现量子

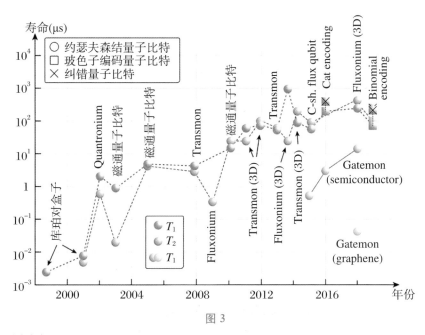

图 3

图片来自 Annual Reviews of Condensed Matter Physics，2020，11：369-395。

计算，重要的不仅仅是比特的数量，比特的质量更关键。而前面说到的量子纠错是"质量不够，数量来凑"。这个说法其实并不准确，严格来说，要实现量子纠错，物理比特的错误率必须低于某个阈值。

量子比特能达到的操控精度由比特本身的性能、测量系统的水平、量子调控的水平三方面共同决定。这三方面每一项的提升都是一个系统工程。超导量子计算发展到今天，依赖的技术大多是现有的成熟技术。这主要是因为超导量子处理器的规模还不是很大，从设计、制备、测试到操控，都可以直接用商用的仪器设备或经过简单的改造来实现，和常规的科学研究课题没本质区别，可以完全按照基础科研的模式开展研究。

当超导量子处理器规模达到几十个比特甚至更大以后，大部分商用仪器已经无法满足需求，甚至现有技术都无法满足需求，需要系统性地从头开发整套的仪器设备和技术，这包括：

一、超导量子芯片设计、仿真软件，类似于半导体芯片领域的 EDA 软件。超导量子计算机的核心部件是超导量子处理器芯片，和半导体集成电路芯片一样，规模大了以后纯靠人手工无法完成设计、仿真，需要 EDA 软件辅助设计和仿真。超导量子处理器芯片基于独特的超导约瑟夫森结这种非线性器件，基本组成单元是量子器件而不是传统电子学元件。和半导体芯片电路特性完全不同，其电路原理和结构设计遵循完全不同的逻辑，不可能直接使用现有的半导体芯片设计 EDA 软件，需要重新开发。

二、大规模超导量子芯片制备产线，类似于半导体芯片制备产线。超导量子处理器芯片基于超导材料，对制备和工艺有特殊要求，这意味着量子芯片制备需要专门的工艺和设备产线。

三、超导电子学技术和低温电子学技术。当芯片集成比特数达到数千个以后，按照现有的模式，用室温电子学控制设备控制每一个比特几乎不可能实现，需要将比特的控制部分和量子芯片集成，能够达到这个目标的唯一技术是超导电子学。目前超导电子学技术还处在非常基础的阶段，实际应用非常少，如何与量子芯片集成更是有待研究的全新课题。

四、大功率极低温制冷机。超导量子处理器只能在 10 mK（约零下 273.14 摄氏度）左右的极低温下才能工作，而且还要求提供足够的制冷功率，目前能做到的只有稀释制冷机（图 4）。当前的稀释制冷机技术仅能做到满足数百个比特的需求，支持更大规模的量子芯片的技术仍是一个待研究的课题。

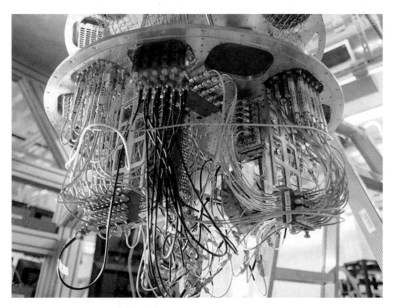

图 4

当然，如果一百万个量子比特最终被证实在实际中是很难实现的，实用量子计算也不是完全没有希望。我们通常所说的实用量子计算需要百万级别的量子比特，是基于已知的量子算法和现有的比特操控错误率，但不管是量子算法还是比特操控错误率，将来都有可能出现新的突破。一方面，制备工艺、量子调控技术的提升会让物理比特的出错率降低，大大降低实际需要的物理比特数；另一方面，将来有可能提出全新的实用量子算法，对量子比特出错阈值有更低的要求，也会大大降低实际需要的物理比特数量。这两方面的突破很有可能在不久的将来，在人类实现通用量子计算这个遥远目标前，为量子计算带来一些近期的有价值的应用，量子人工智能就是其中的一种可能。

二、光量子计算

光子可以较容易地展示出量子态的叠加性，具有简单的单量子比特操控方法。通常一个可见光区域的光子能量是几百太赫兹，是其他类型量子比特的百万倍以上，远远大于各种热噪声，因此避免了使用昂贵的稀释制冷机。

光子清高孤傲，特立独行，"母胎单身"，从不和其他光子搭讪，能够在较长时间内携带并保持量子信息。其中一个很好的例子就是莱曼 α 团块（Lyman-alpha blob 1，LAB-1)发出的光在旅行了 115 亿年后到达地球时仍保持原始的极化状态（母胎单身）。此外很显然地，要说谁跑得快（对应信息传输和处理速度），恐怕目前没谁敢和光比。

光一直站在人类解释大自然奥妙的前沿。量子信息领域也不例外，量子信息实验领域第一个真正的突破——1997 年的第一个量子隐形传态实验，就是通过操纵多光子来实现的。到 2019 年，实验室里面实现了 20 个单光子、数百个分束器的玻色取样，输出态空间维数达到了 370 万亿。在产业界，总投资数亿美元、位于硅谷的初创公司 PSIQUANTUM 和位于加拿大的 XANADU，都号称在致力于建造商用的光量子计算机。PSIQUANTUM 声称，5—10 年内他们的设备将包含 100 万量子比特。

积跬步以致千里：要盖一栋由 100 万光量子比特组成的高楼大厦，首先要把每一个砖头——理想的量子光源——造好（图 5）。单光子源，顾名思义是每次只发出一个光子的光源，但要想单光子源可以应用于量子计算，还需要同时满足确定性偏振、高纯度、高全同性和高效率这四个几乎相互矛盾的严苛条件。2000 年，美国加州大学研究组在量子点体系观测到单光子反聚束。2002 年，斯坦福大学研究组观测到双光子干涉。2013 年，中国科学技术大学研究组在国际上首创量子点脉冲共振激发技术，只需要纳瓦的激发功率即可确定地产生 99.5%品质的单光子；2016 年，研究组研制了微腔精确耦合的单量子点器件，产生了当时国际最高效率的全同单光子源；2019 年，研究组提出椭圆微腔耦

先定一个能达到的小目标

造出一个完美的单光子源

图 5

合理论方案,在实验上同时解决了单光子源所存在的混合偏振和激光背景散射这两个最后的难题,成功研制出了确定性偏振、高纯度、高全同性和高效率的单光子源(图6)。

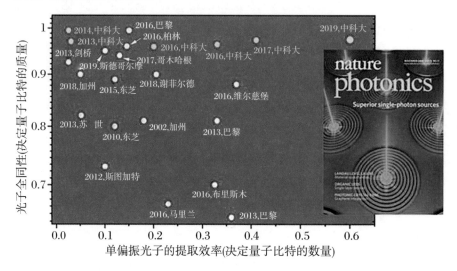

图6 基于量子点的单光子源的两个核心指标的综合性能国际发展总结

目前单光子的单偏振提取效率还只有约60%,因此需要进一步设计更好、鲁棒性更强的微腔结构,将单偏振提取效率不断提升到接近100%。假设有一天我们有了每个指标都超过99%的单光子源,那又该如何进行线性光学量子计算呢?

这里将量子计算简单地分类为非通用量子计算和通用量子计算。对于非通用量子计算,不需要纠错,只完成特定的量子计算任务,可以用于演示"量子优越性"(低调的说法)或"量子霸权"(高调的说法)。在线性光学体系中最有希望实现量子优越性的模型之一是玻色采样。这个模型只需要几十个全同的单光子输入到一个高维线性光学网络,并在出口获得可能的多光子符合事例即可。

对于通用量子计算,还需要在独立单光子之间实现控制逻辑操作。然而,光子之间的相互作用非常弱,这一光子在量子通信中的优点在量子计算中成为了一个弱点。可是,这并难不倒聪明绝顶的物理学家们,他们先后提出了KLM方案、腔电动力学CNOT方案,以及基于簇态的单向量子计算方案。后者是目前PSIQUANTUM公司正在推广的,把CNOT的难点转移到了制备足够大尺度的纠缠态上,在此基础上,就只需要测量了。

那怎么从单光子或者纠缠光子对制备100万光子的纠缠态呢? 这个问题问得好! ××先生曾经说过:太极生两仪,两仪生四象,四象生八卦……在这一指导思想下,在多光子纠缠方面,中国科学技术大学研究组在过去几年从4光子纠缠实现了12光子纠缠,并演示了20光子玻色取样。此外,量子点也可以直接产生两光子纠缠以及多光子簇态纠缠。随着光子系统效率和全同性的进一步提升,以及近期高斯玻色取样新方案的出现,有望解决效率的扩展问题，爬升速度有望大大加快，说不定 2020 年底就做到了接近 100 个光子呢？[①]

由于量子系统不可避免的退相干效应，量子态和环境的耦合会受到各种噪声的影响，因此导致计算过程中产生错误。如果不纠正这些错误，那么经过一系列计算后，量子计算机将输出被随机噪声破坏的数据。为了保证大规模量子计算后只存在较低的错误率，普适的容错量子计算要求一个包含有很多量子比特的三维簇态，其中两维被映射到空间上，另一个维度被映射到时间上（图 7）。这种特殊的三维结构不需要所有的光子都同时处于相互作用状态，而只需要对邻近的纠缠态之间进行作用，从而允许构建稳定的子簇态。为了获得更多量子比特的簇态，我们只需要按照标准簇态的计算方法遍历编码单个量子比特的路径，分布式拼接已有的纠缠态，最终实现大尺寸的簇态。我们也可以将其理解为随时间演化的表面编码，每一层的局域操作将编码的结果传输到下一层的编码面上。这些编码的边界支持多个编码的量子比特，因而编码的量子门随着时间演化的边界条件得以实现，并且噪声的影响可以通过系统编码的拓扑性质来降低。

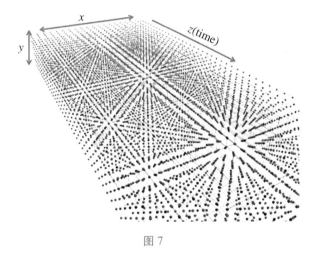

图 7

图片来自 APL Photonics，2017，2：030901。

三、超冷原子量子模拟和量子计算

其实，说一千道一万，对物理学家来说，量子计算研究的终极灵魂拷问是：

"When will quantum computers do science, rather than be science?"（量子计算机何时能做科研，而不仅仅是"被科研"？）

不管名字叫作量子计算机还是量子模拟机，我们的目标就是造出一个利用量子力

———————————
① 本文写于 2020 年，实际上目前这一目标早已实现。

学原理运行的新机器,它能成为物理学家、化学家和工程师在材料应用和药物设计方面的重要工具,应用于模拟复杂物理系统,进行量子化学计算,指导新材料设计,解决高温超导等物理问题,在特定模拟问题的求解能力上全面碾压经典的超级计算机。针对这一目标,包括诺贝尔物理学奖获得者杨振宁、安东尼·莱格特(Anthony Leggett)在内的众多物理学家都认为,超冷原子由于其纯净的环境、各种丰富的相互作用、几十年来积累的各种精致的控制手段,有望在不久的将来在非平庸的量子模拟方面取得重大突破。

如何实现 100 万量子比特的纠缠是一个有趣的问题!物理学家最善于把复杂的问题简单化,像那个"如何把一只大象放进冰箱"的经典问题,让我们分三步考虑:(1)放一个量子比特;(2)放 100 万个量子比特;(3)添加上量子纠缠。

1. 100 万个量子比特:单原子阵列

我们预计最简单最自然的量子比特是一个单原子(图 8(a)),搞定第一步。100 万个量子比特,刚好是 $100 \times 100 \times 100$ 的 3 维阵列。假设临近原子之间的距离是 10 微米,100 万个量子比特正好是边长 1 毫米的立方体(图 8(b)),搞定第二步。

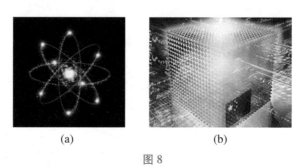

(a)　　　　　　　　　(b)

图 8

(a)一个原子;(b)2007 年,英国《新科学家》杂志《中国崛起:人民的量子计算机》特刊里面,记者根据潘建伟的梦中想象的未来量子计算机的样子绘制的插图

我们具体看下怎么做出这样的原子立方呢?我们可以利用超冷原子光晶格产生的激光驻波,一个一个地囚禁单原子,一个萝卜一个坑规规矩矩地做成固定间隔的立方体形状。或者,以光镊作为定位工具,任性地把原子一个一个地排列成我们任意想要的间距和形状,比如 3 维的埃菲尔铁塔、莫比乌斯环、碳-60,而且还可以实时动态变化(像南归的大雁那样,一会儿排成 N 形,一会儿排成 B 形),排出立方体更不在话下(图 9)。

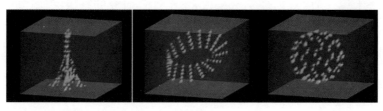

图 9

图片来自 Nature,2018,561:79-82。

2. 让 100 万个量子比特纠缠：激光操控原子

前面两步我们有了 100 万个量子比特来存储量子态，接下来就是第三步，通过原子相互作用产生量子纠缠。

用激光脉冲来控制原子是最方便的。相比于超导量子电路或者半导体量子点等固态系统中，100 万个量子比特需要放置几百万根控制线（超导量子计算"男神"约翰·马丁尼斯（John Martinis）曾经介绍（吐槽）他的大部分工作就是在解决如何布线这样的繁琐技术问题，图 10），单束激光可以通过动态编程，定向和聚焦于任意一个或一批原子上，对任意原子进行可控的量子操纵（图 11）。例如，通过激光激发原子到里德堡态，可以把单原子间的相互作用打开，达到超过 10 个数量级的开关比。原则上，第三步产生纠缠可以很简单：一个基本的事实是，一个随机的量子态是最大纠缠态，因此只需要让原子进行充分的随机相互作用就行。

图 10

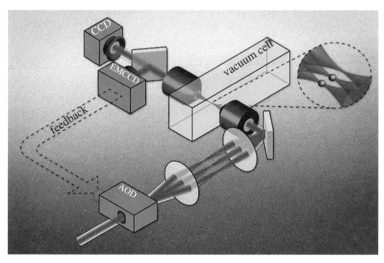

图 11

让我们增大一点难度,来产生簇态纠缠,这种纠缠结构可以用来实现通用的量子计算。近期,中国科学技术大学科研人员在光晶格中取得重要进展,研究人员通过确定性制备超冷原子阵列和高精度量子门实现了1250对原子纠缠,这是通往制备簇态纠缠的重要一步(图12)。

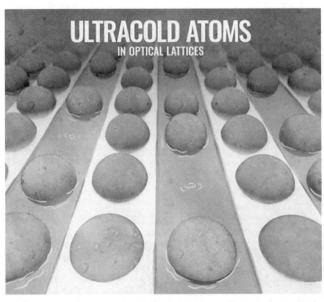

图 12

3. 可扩展的量子纠缠:量子纠错

假设一个量子操控的可靠度是99.99%,那100万个量子比特都各操控一下,整体的可靠性就是 $0.9999^{1000000}\approx0$,操控就失败了。这是大规模量子纠缠和量子计算面临的最大挑战。解决这个问题的方法是对量子操控进行纠错,让大规模量子操控的错误不持续累积。

不过量子纠错很消耗资源,比如可能需要用100亿个高品质的物理量子比特来实现可容错的100万个逻辑量子比特。按照我们前面的排法,100亿个单原子量子比特阵列差不多是边长2.2厘米的立方体阵列,大小还是很迷你的。

容错量子计算有个基本的门槛,量子操控的可靠性需要大于某个阈值。目前,利用光镊控制的单原子量子比特可以实现大于99.7%保真度的初始化,大于99.6%保真度的单比特操控,大于99.9%保真度的非破坏读取,通过里德堡态相互作用可以实现大于99.5%保真度的双比特纠缠门,这些基础指标都达到了二维表面码容错量子计算阈值的基本要求。

二维表面码容错量子计算是目前最吸引人的可扩展量子计算设计(图13)。它只需要在平面上排布局域相互作用的量子比特,因此非常适合比如超导量子比特等固态芯片体系。不过这个设计有个大缺点，它需要辅助以超大规模量子态蒸馏才能实现通用的容错量子门，因此非常消耗资源。三维的原子量子比特阵列提供了新的机会，比如三维拓扑码可以直接实现通用的容错量子门，极大地节约可扩展量子计算的资源开销。

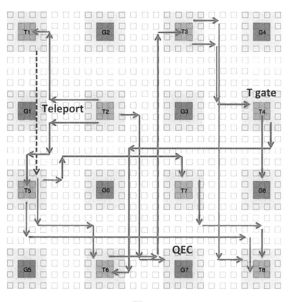

图 13

目前我们还很难预测未来哪个物理体系会率先实现 100 万个量子比特的高保真度纠缠。其中单原子阵列展示了潜在的竞争力：在高分辨显微镜头下，使用光镊技术动态排布三维原子构型，进行激光独立寻址和操控任意原子及其相互作用，结合三维容错编码机制高效纠正量子错误，最终实现大规模量子计算（图 14）。

图 14

神秘的量子计算与量子通信

刘自华

笔者以一个实习生的身份，通过自己的经历与实践为广大读者揭秘"量子"这个概念及其应用领域的神秘面纱。

首先何为"量子"？关于这个概念，笔者起初也像大家一样想到的并不是量子本身，而是一大堆的概念，比如"量子力学""量子通信""量子计算机"等（图1）。那么量子到底是什么呢？量子能做的事又是什么呢？

图1

量子的英文为 quantum，量子本身并不属于我们常见的"粒子""光子""原子""分子"等。简单地来讲，量子就是"离散变化的最小单元"。这样讲可能大多数人刚接触会一头雾水。更为简单的一种讲法是"某类物质的最小计量单元"。比如说电脑，一般我们会说一个电脑或者一台电脑，很少用半个或者半台来描述电脑的数量。再者就是一棵树，在我们的认知里面，即使一棵树枝叶破败我们也称"这一棵树"或者"这棵树"而不会说这半棵树怎么怎么样。在这两个例子中"一台电脑""一棵树"就类似于一个"量子"。所以我们可以推广一下这个概念。这样一台台电脑、一棵棵树的变化就被认为是"量子化"的（图2）。这样一讲大家是不是就明白了原来量子竟是一个抽象概念而非实物！

---

* 本文在量子科普作品评优活动中获图文组二等奖。

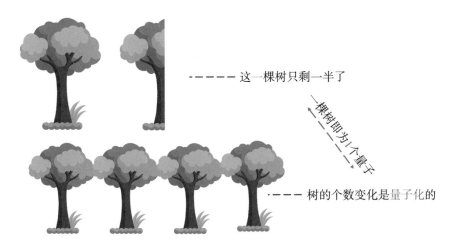

这一棵树只剩一半了

一棵树即为1个量子

树的个数变化是量子化的

图 2

既然量子的概念讲完了,那么接下来我将给大家讲解什么是量子效应。为什么要谈这个话题呢? 因为国防、金融、医疗等领域的产品都需要借助"量子效应"来完成。简单地说,量子效应是微观世界不同于宏观世界的一种行为方式,实验中通常需要较为极端的物理条件才能观察到。例如对于一个半导体(科学家专门制作的超导量子芯片)而言,我们将利用这样一套降温设备使半导体所处的温度达到一个很低的值(图3)。由于达到了预设的低温使得这个材料具备了一种物理现象(量子效应)。这种物理现象的原理较为复杂,我们利用这种物理现象就可以制造出一系列设备,比如芯片、电脑、手机、加密仪器等。

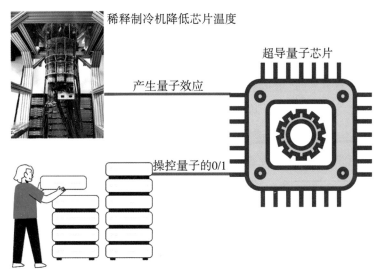

稀释制冷机降低芯片温度

超导量子芯片

产生量子效应

操控量子的0/1

图 3

下面笔者将以自身的角度来讲解"量子计算"与"量子通信"这两个概念。其中就有我实习公司生产的"祖冲之二号"和"天地一体卫星地面站系统"。

一、量子计算是什么?

我们通常了解的计算无非就是加减乘除这一类概念。那么为什么要提到这个概念呢?因为我们所处的生活中每时每刻都需要计算,比如高铁购票、超市购物、航空航天等。由于起初需要计算的问题并不复杂,人们完全具有独立解决的能力。可是伴随着问题越来越复杂,我们将要花费大量的时间,而传统计算机一秒钟可以进行 10^7—10^9 次逻辑运算。人们将计算机的逻辑运算转换成我们实际问题需要的运算仍可大幅度地降低人力物力。因此,计算能力和速度的快慢成为了人们研究的重点。简单来说,我们在按下遥控器的时候,遥控器会迅速处理信息并且转换成一种"信号"传输给电视机从而让我们看到想看的频道。试想,如果遥控器内的电路板处理信息要几秒钟,我们可能会近乎疯狂(图 4)!

遥控器按半天才有反应!!!

图 4

计算的概念引出之后,我想量子计算的概念也就随之而出了。没错!量子计算也是一种计算。对于计算我们追求的是快速准确,那么和普通计算相比量子计算正是大幅度提升了这种运算能力。量子计算为什么可以比经典计算机运算能力强?要想回答这个问题,我就不得不引出"量子"这种概念的神秘之处了。在普通计算机中我们定义高电平表示为"1",低电平表示为"0"。为什么定义这两个数字呢?因为我们可以让家用电器处于两种常见的状态——开和关。手机通电我们假定为数字 1,手机断电我们假定为数字 0。由此我们可以得出一个结论——能操控更多的 0 和 1 将能表示出更多的状态从而使得运算能力大幅提升(图 5)。

第4位 第3位 第2位 第1位

图 5

量子的神秘之处来了!半导体达到某个低温的时候经过相关条件干预后,产生的量子可以"既是 0 也是 1"。我的天!我没听错吧?这就好比是一个树它"既是 0 棵也是 1 棵"。我们将这个树称为 0 棵和 1 棵的叠加态。最离谱的是什么呢?0 和 1 在量子中仅表示为 50% 的概率为 0,50% 的概率为 1。说到这就不得不提到物理学中老生常谈的一件事了——薛定谔的猫。刚好我们国盾量子的吉祥物也是一只猫(图6)。

图6

当年薛定谔为了更通俗地解释这种叠加态现象于是举了这个例子。假设有一只猫,猫在不透明的箱子里,如果我们不打开箱子,那么这只猫就处于"既生存又死亡"的状态(图7)。这和我们的日常认知相悖,在我们的认知里猫只有一种状态——生存或死亡。我们打开箱子只是为了验证我们心里认为的生或死的状态。这应该是确定的呀!当然,我们所处的宏观世界中并不会发生这样的事。

$$\Psi_{kitty} = \frac{1}{\sqrt{2}}\Psi_{alive} + \frac{1}{\sqrt{2}}\Psi_{dead}$$

图7

上面简单讲解了叠加态,那么现在就可以讲解量子计算速度快的原因了。我们学过"个位""十位""百位"等概念。我们定义每个 0 或 1 占用一个位置。计算机中我们将之称为比特,英文单词 bit。在经典计算机中高低电平即 1 或 0 确定后所表示的信息就是确定的。然而量子计算机并非如此，每个量子位可以既是 1 也是 0。下面用两个位的数字来对比两者的区别。

经典计算机中二进制 01 可以表示十进制的 1，除此之外再也表达不了别的信息了。但量子位并非如此，01 可同时表示"00""01""10""11"的叠加。这就是微观世界的奇妙之处，所以量子力学就是研究微观世界的一门课程。

现在我们明白量子位可以表示更多的信息，那么也就意味着一次运算可以处理更多的信息。我公司生产的祖冲之二号为 66 位运算（图 8）。这也就意味着可以一次可进行 2^{66} 次计算。宇宙中也就 2^{300} 个粒子。当然我们只是提高了量子计算机的上限，就像孙悟空拜入菩提祖师门下学习，菩提祖师提升了悟空的发展空间，但是悟空要想完全领悟这种能力还必须经过九九八十一难。我们目前就正在闯关升级中。

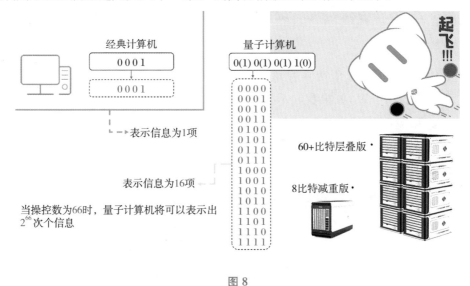

图 8

上文讲到了量子计算机这种超强的计算能力，它是目前超级计算机速度的 1000 万倍。从哲学的角度来讲超强的速度也就意味着它并不能兼容所有的问题。

这就是智者千虑必有一失。但是它面对一些特殊的复杂问题却能够游刃有余！比如在计算机中查找一项名为"科大国盾"的文本文档。经典计算机查找该文档搜索它所对应的二进制信息。然而我们通过量子计算机哪怕是搜索"科中国盾"依然会将"科大国盾"的结果和其他结果一起罗列出来。这在经典计算机中根本不可能。要想在经典计算机中实现类似的功能你仅能键入"科""科大"等。如果再按顺序键入"中"，那么此次搜索就会失败。量子计算机会将所有的结果罗列出来供我们挑选。

因此如何去操控量子比特也就成为了关键，科大国盾公司官网上公布了超导室温操控系统——ez-Q Engine 一代可实现 66 位量子比特的操控。后续我们将推出二代超导室温操控系统。这将大大地提升解决复杂问题的能力。

二、量子通信

谈到量子通信，大家脑海里可能会立刻浮现出一个人——潘建伟(图9)。没错！他就是主持发射墨子号量子科学卫星(图10)的那位科学家。那么墨子号究竟是做什么的？量子通信又是怎么回事呢？下面我将为大家简单介绍。

图 9

图 10

我们都知道,通信就是任意双方交换信息。比如小华(A)通知小明(B)来玩游戏,小明收到了小华的信息并回复准时来,类似这样的过程就是通信。这个过程最害怕的是什么呢?没错!就是会被家长发现。因此,如何将玩游戏这件事秘密地传达给别人就显得无比重要。恰巧,量子通信就可以做这件事(图11)。

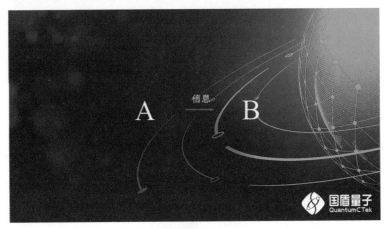

图 11

首先,我们将小华与小明的对话称为明文。这是要当面说给小伙伴们和父母听的。我们现在再说出一段话,这段话内容和我们的明文一丁点关系都没有。我们称之为"密钥"。小华将密钥交由小红传给小明,小明就可以将明文与同等长度的密钥放在一起对比找出相同的文字。相同部分就是我们真正想要表达的内容(图12)。那么有的人要问了,我为什么不直接找小红传输密文呢?因为小红是个好孩子,带信息有不确定性,也就是你想让她带的信息她不一定愿意带。所以我们可以得出一个结论,在小红带的信息

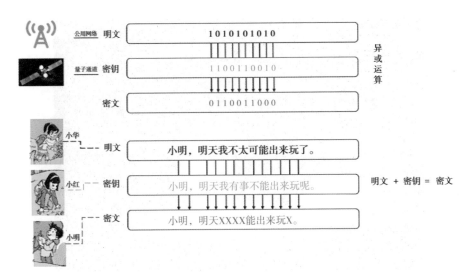

图 12

不被外人知晓的情况下我们就实现了保密通信。一般情况下，假定小红是个各方面非常优秀的孩子，几乎无法从小红身上找出破绽。换句话说，这就是量子密钥不可被破解。

通过上面的描述，我们现在终于可以解释墨子号及其后续产品的作用了。墨子号就是分别给小华和小明两方发射密钥。这种密钥具有量子物理特性，一旦被窃听，密钥立即失效并且重新生成。此外，有的窃听者喜欢不断干扰双方的密钥以让双方无法传输信息从而达到破坏的效果。然而，量子密钥的生成速度非常快，可能在你萌生破坏想法的时候量子密钥已经重新生成并传输了过去。

好了，现在让我们总结下"量子计算"和"量子通信"。量子计算是一种比超级计算机运算速度还要快 1000 万倍的运算方式。量子通信是一种在理论上绝对无法被破解的传递信息的通信方式，量子在现实条件不能还会有漏洞。

通过量子纠缠实现超光速通信真能做到吗？

赵义博　陈东升　丁　瑶

纠缠的"超光速效应"，是不是意味着可以超光速传输信息？相对论的光速极限是不是错了？2022年的诺贝尔物理学奖颁给了量子信息与量子纠缠。量子纠缠确实不可思议，但又无处不在。量子纠缠，其实就连爱因斯坦一开始都对其抱有怀疑态度，认为其现象违反了相对论的光速极限了。因此，才有了针对量子纠缠的一系列实验验证，也就有了这次的诺贝尔物理学奖。

一、超光速通信行吗？

近些年，很多科普报道当中都在提及量子纠缠具有"超距作用"和"超光速的相互感应"。我也遇到了很多人问："能不能用它来实现超光速通信？"

听过相对论的人都知道，宇宙中最快的速度是光速，任何物质移动的速度都不可能超过光速。这是时空性质所决定的。物质的移动速度不能超过光速，那信息传递的速度能不能超光速？其实信息传递的速度也不能超光速。这也是由相对论所决定的（图1）。

图1　《相对论》

＊　本作品在量子科普作品评优活动中获视频组一等奖。

二、时间的相对性

那信息传输速度和相对论到底有什么关系呢？

相对论是一种时空效应，是时空特性。

它会推翻我们正常情况下的很多认知，比如同时性。比如，我们会说 A 和 B 两个事情同时发生。但是在相对论的描述下，这个事就不会严格成立，我们只能说在某一个人看来，A 和 B 两个事件同时发生。但在另外一个运动的人看来，A 和 B 就不是同时发生了。

在相对论框架下，时间具有了相对性，连"同时发生"这个词都有了变化。比如说在一列高速行驶的列车上，列车员站在车中间打开了开关。在列车上的人看来，车头的灯和车尾的灯将同时亮起。但是相对论告诉我们，在地面上的人看来，是车尾的灯先亮，车头的灯后亮。这就是时间的相对性。

那既然时间具有相对性，那两个事件的先后顺序能不能颠倒？这是爱因斯坦提出相对论之后重点解释的问题，即在狭义相对论框架下，因果律是始终遵守的。如果 A 事件是因 B 事件是果，那么在任何人看来，A 事件是因 B 事件是果。A 与 B 不可能颠倒，否则就会出现时间倒流，因果颠倒。列车上的列车员打开开关，然后灯才亮的，在所有人看来都是这个顺序。无论是飞船上的人，还是地面上的人，看到的都是列车员先开灯，然后灯才亮，不会违背因果律。这其实不仅限制了能量的传播极限是光速，也限制了信息的传播极限是光速。

三、量子纠缠与"超光速通信"

如果利用量子纠缠能够实现超光速通信，列车车尾的人给车头的人利用超光速通信发送了信息，如果列车足够快，在地面上的人看来，就会出现车头的人先接收到信息，车尾的人才开始发送信息。在地面的人看来，列车上的事情就违反因果律了。所以即便用量子纠缠也不能实现超光速。

那纠缠里面的"超距作用"又如何解释呢？当然这里面的超距作用是打引号的，相距两地的纠缠粒子，当一个粒子被测量了，另外一个瞬间就会塌缩，无论离得多远。这个塌缩是瞬时完成的，也就是说，它响应的速度远远超过了光速。这就是大家所描绘的纠缠现象。

这个现象是不是违反了相对论？其实不违反。因为这里面所说的塌缩，是数学公式上的塌缩，并不是一个可观测现象的塌缩。另一个粒子的波函数塌缩了，这个事情并不可观测，是根本看不到的。甚至我们可以说，波函数塌缩或者量子纠缠里面所谓的塌缩并不是一个物理过程。在这个问题上一直有不同的理解。不管如何，科学界的共语是，爱因斯坦的相对论是对的，量子纠缠也没有违背相对论。

追光者:小小对讲机也有大能量

梅善德

今年的冰雪盛会大家都看了吧,
来自东方大国独有的浪漫,
把4年一度的国际赛事又提升了一个级别。

---

* 本文在量子科普作品评优活动中获图文类一等奖。原文发表于 2022 年。

赛场之上，
运动健儿用拼搏书写辉煌，
中国代表团刷新赛事历史最佳战绩。
赛场之下，
除了两个小可爱使劲卖萌输出，

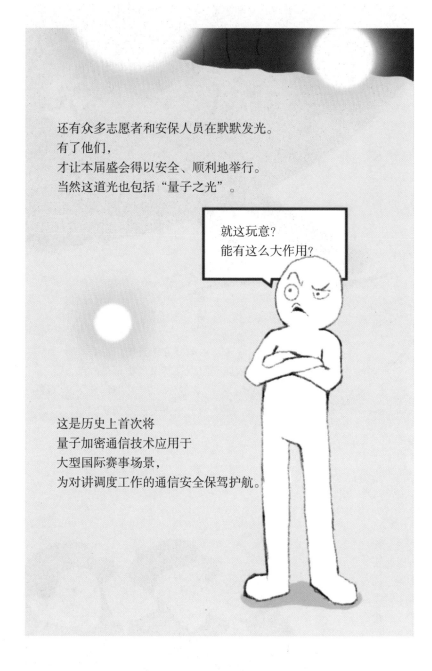

还有众多志愿者和安保人员在默默发光。
有了他们，
才让本届盛会得以安全、顺利地举行。
当然这道光也包括"量子之光"。

就这玩意？
能有这么大作用？

这是历史上首次将
量子加密通信技术应用于
大型国际赛事场景，
为对讲调度工作的通信安全保驾护航。

可别觉得这些不重要。
这类大型赛事活动举世瞩目，
会聚了全世界的顶尖运动员和重要来宾，
自然也会成为某些不法分子"重点关注"的对象。

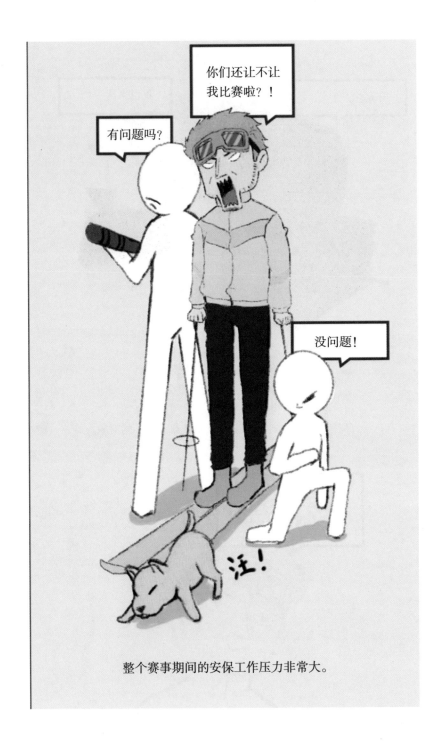

整个赛事期间的安保工作压力非常大。

活动期间
安保调度工作的信息通信极为依赖对讲系统。
对讲系统内每句话的"含金量极高"，
涉及赛事安全不容忽视。
如果采用传统对讲的明文传输，
任何一句被截取窃听都可能酿成事故。

尤其是安保信息的传递，
如被不法分子窃听或篡改将会造成极为严重的后果。

这时候就轮到量子加密对讲系统大显神通了。

为什么它可以
守护安全？

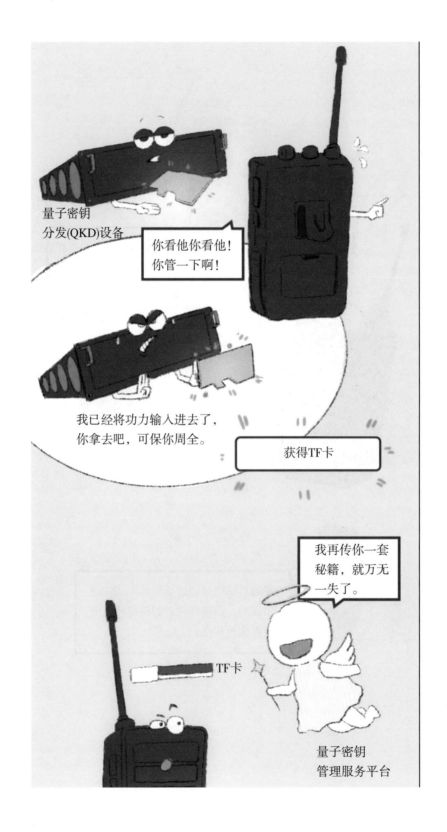

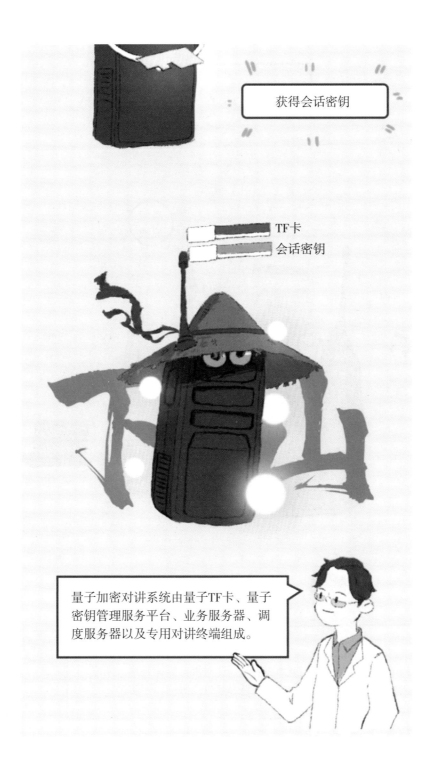

获得会话密钥

TF卡

会话密钥

量子加密对讲系统由量子TF卡、量子密钥管理服务平台、业务服务器、调度服务器以及专用对讲终端组成。

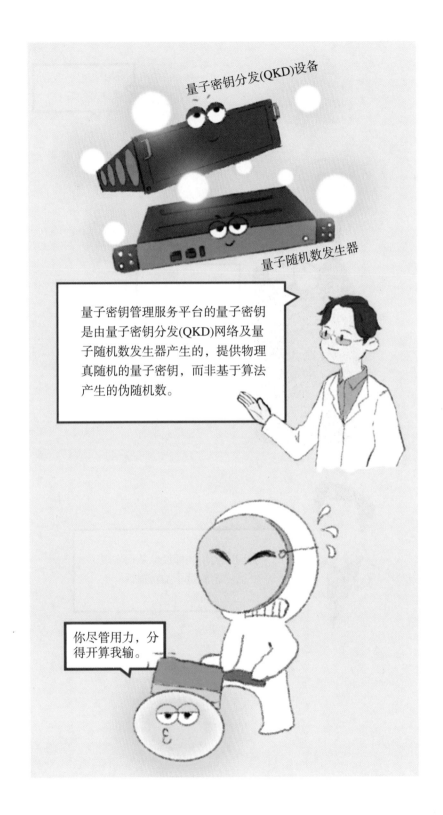

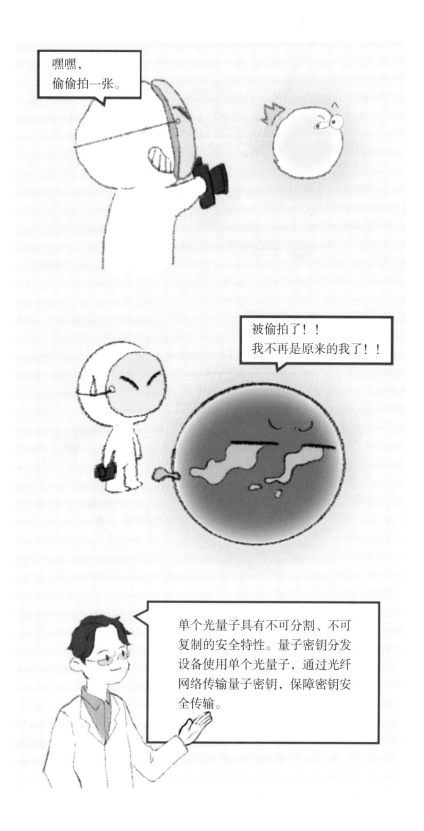

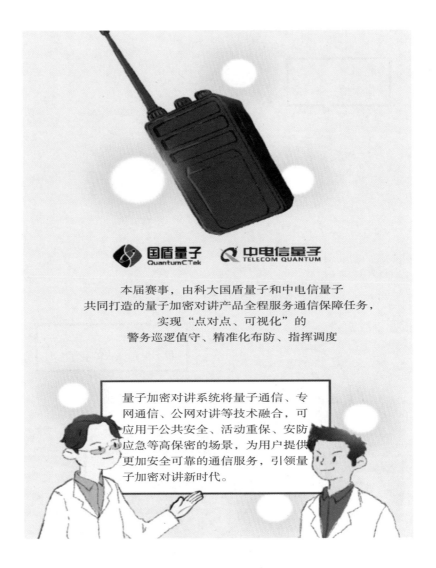

本届赛事，由科大国盾量子和中电信量子
共同打造的量子加密对讲产品全程服务通信保障任务，
实现"点对点、可视化"的
警务巡逻值守、精准化布防、指挥调度

量子加密对讲系统将量子通信、专网通信、公网对讲等技术融合，可应用于公共安全、活动重保、安防应急等高保密的场景，为用户提供更加安全可靠的通信服务，引领量子加密对讲新时代。

策划：郭刚

技术指导：周雷、陈尊耀、程显赫

特别顾问：童璐、吴学兵

你的数据安全吗?

王适文　王晓雅　尤丽娜

一、算力发展与数据安全

近年来,数据失窃事件层出不穷,部分黑客在一天内攻击全球多个国家,涵盖上千家信息技术服务供应商,对全球数据安全产生严重威胁。是什么让数据泄露情况越来越严重呢? 原因之一可能在于,基于复杂算法的公私钥加密体系无法应对计算机算力的不断提升和突破。

以国际上著名的 RSA 加密算法为例,它被认为是目前世界上最优秀的公钥方案之一,结果在 2015 年 RSA-1024 被破解(图 1)。

图 1　RSA 加密算法的三位发明者

二、量子通信技术的保密性机理解读

那么真正能够保障数据安全的技术是什么呢? 答案是量子通信(图 2)。

＊　本作品在量子科普作品评优活动中获视频组二等奖。

图 2　量子数据安全库

举个通俗易懂的例子:假设光量子是一把钥匙,一天老杨给老王和老李,随机发了一组不同型号的钥匙,法外狂徒张三知道这件事后,就想偷走这些钥匙,结果张三发现,基于量子密钥的不可复制性,该钥匙居然是一次性的,一看就坏。与此同时,正常情况下,老王和老李收到钥匙,应该是有50%是一样的,基于量子密钥的不可窃听性,由于张三的介入,导致他们收到钥匙的相同率降低了,于是老王老李立马发现了有人在窃听,接着成功抓到了张三,并通知老杨重新发一组随机钥匙,这样就完成了密钥分发,量子密钥的不可窃听不可复制特性从原理上保证了数据的安全性。

图 3　量子密钥的分发与传输

三、量子通信技术发展的重要性

随着量子通信的发展,在传统数据库的基础上,延伸了量子安全数据库,作为核心基础软件,在基础领域具有与芯片操作系统同等重要的核心地位。

量子科技，金融创新转型的"加速器"

许锦标

一、量子世界的神秘面纱

随着数十年通信技术的飞速发展，经典信息技术的极限和边界正被不断逼近。量子信息技术成为突破经典极限，推动信息技术和数字经济发展演进的新动能。然而公众对于量子科学还知之甚少，"量子水杯""量子鞋垫"等产品不时出现在公众视野中。那么，"量子"到底是什么呢？它又拥有怎样的神奇魅力呢？

从字面理解，"量子"似乎与我们熟知的电子、质子、中子一样属于微观粒子，但是实际上并没有某种粒子专门叫作"量子"。在物理学上，量子（quantum）是一个物理量离散变化的基本单元。如果将我们所使用的现金作为一个物理量，那么一分钱就是现金这个"物理量"的量子（图1）。量子概念的最先提出，正是由于物理学家发现微观世界中的能量是不连续的、一份一份的。

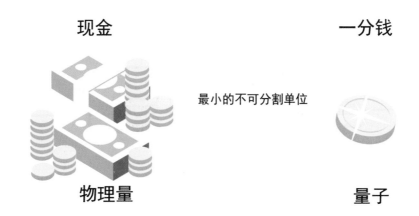

图1　现金"物理量"的量子

在宏观世界中，像一分钱这种"量子"并没有什么奇特的。而在微观世界中，量子则

---

*　本文在量子科普作品评优活动中获图文组二等奖。

体现出了叠加、测不准、纠缠等诸多的神秘特性。

量子叠加特性指的是一个量子的物体或者粒子能够同时处在不同确定状态的叠加,如电子的位置、动量等是各种可能状态的叠加。测不准特性指的是量子在测量的过程中瞬间发生随机突变(塌缩)。量子纠缠理论则指出处于纠缠态的粒子间无论相距多远,只要测量其中一个,另一个也会在瞬间发生塌缩。爱因斯坦将这种不可思议的纠缠效应称为"幽灵般的超距作用"。

量子世界这些匪夷所思的物理效应被科学家们揭开了神秘的面纱,并被应用于计算、通信等领域中,不断地提高着科学技术及生产力水平。

二、量子信息时代的"矛与盾"

进入 21 世纪以来,以量子通信、量子计算为代表的量子信息科学体系得以建立,开启了人类从经典信息技术迈向量子信息技术的新时代。这两个重要的分支在基础理论、技术路线和核心硬件方面有着很多共同之处。然而,从信息安全的角度来看,量子计算和以量子通信为主的量子安全技术是量子信息时代的"矛与盾"。量子计算以量子比特为基本单元,利用量子叠加等原理能够实现并行计算,可以在目前某些计算量浩大的问题上提供指数级加速,是未来计算能力飞跃的重要引擎,也是安全领域破解密码强有力的"矛"。一旦量子计算实用化,基于大数分解问题、有限域上离散对数、椭圆曲线上的离散对数问题的公钥密码将被攻破。这些公钥密码体系正是当前网络和信息系统中广泛使用的密码技术,包括 RSA、DSA、DH 等国际标准算法。因此,量子计算对当前标准化密码的威胁冲击巨大,涉及面较广,直接影响当前各领域的网络与信息安全(图 2)。

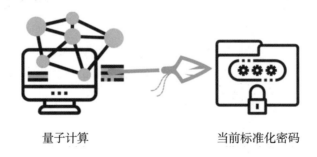

量子计算　　　　　　　　当前标准化密码

图 2　量子计算对当前标准化密码威胁巨大

量子安全技术是指用于保护计算机数据和信息免于来自未来大型量子计算机威胁的加密技术。量子安全技术能够抵御量子计算等超强算力攻击,是安全防护最强之"盾"。量子信息技术的两个重要领域量子计算能力与量子安全技术的发展呈现出双螺旋上升的趋势,一方的显著进步必然带动另一方的迫切需求。在量子计算能力迅猛发展的当下，量子安全技术实用化日益成熟，其中最具代表性的是量子通信与后量子密码算法（post quantum cryptography，PQC）。此外，量子随机数（quantum random number，QRN）是全量子化安全体系中原始密钥的种子，它也是量子安全技术中不可或缺的一部分。量子通信是利用量子叠加态和纠缠效应进行信息传递的新型通信方式，它具体包含量子隐形传态和量子密钥分发等重要分支。量子密钥分发（quantum key distribution，QKD）技术是目前实用化程度最高的量子通信技术。因此，在大多数情况，我们提及量子通信，实际上指的是量子密钥分发或者基于量子密钥分发的密码通信。它利用量子不可分割与不可克隆等量子力学特性，实现任何对量子密钥分发过程的窃听，都可能改变量子态本身，从而造成高误码率（图3）。这种独特的密钥分发机制使得通信双方可以获得一串只有他们两个知道的密钥。这种基于物理原理实现的内生安全性为银行与外部信息交互，尤其是跨地区的远程数据传输，提供了信息保密和安全的新通道。

图3　量子密钥分发技术示意图

后量子密码算法是能够抵抗量子计算机对现有密码算法攻击的新一代密码算法。它基于特定数学领域的困难问题，通过研究开发新型算法使其在网络通信中得到应用，从而达到保护数据安全的目的。它通常挑选无法实现高效并行计算的困难问题进行构造，目前主流的类型有基于格的密码算法、基于哈希的密码算法以及基于编码的密码算法等。

量子随机数基于量子随机数发生器产生，具备不可预测性、不可重复性和无偏性等特征。相比于传统的基于计算模型的伪随机数生成方案，量子随机数发生器并不依赖于复杂的数学问题，而是依赖于量子物理原理。这意味着掌握无限计算能力的攻击者都无法对量子随机数进行预测。因此，量子随机数具备信息论意义的安全性。

三、量子金融应用的农行"先手棋"

我国高度重视量子科技的研究与发展，"十四五"规划和2035年远景目标纲要中均指出，要在量子信息等领域实施一批具有前瞻性、战略性的国家重大科技项目。人民银行发布的《金融科技发展规划（2022—2025年）》也明确提出，探索运用量子技术突破现有算力约束、算法瓶颈,提升金融服务并发处理能力和智能运算效率,逐步培育一批有价值、可落地的金融应用场景。

农业银行积极响应国家与行业号召,走好科技创新先手棋,着力打造完备的金融科技支撑与创新体系,布局量子信息技术应用实践,探索"量子＋金融"产业融合新模式。

1. 铸造量子之"盾",强化金融核心资产安全

在超级计算机、量子计算带来算力快速提升的背景下,银行加密数据被破解的风险持续攀升,金融核心安全面临巨大挑战。农业银行精准把握前沿技术发展动向,从顶层视角评估全行传统安全体系面临的量子攻击风险,完成量子安全技术应用的解决方案设计,让量子密钥分发、量子随机数、后量子密码算法等实用化量子安全技术在多个典型金融场景落地生根。

(1) 率先应用量子密钥分发技术保障通信安全

农业银行早在 2017 年参与了中国人民银行的"人民币跨境收付信息管理系统"(RCPMIS)项目,实现人民币跨境收付业务在量子加密通道上的传输。业务数据在离开数据中心前被转发至量子加密路由器,量子加密路由器通过与底层 QKD 设备交互获得量子密钥,并使用最新获取的密钥对经过的业务报文进行网络层加密后转发,在网络层保障了核心敏感信息的跨域传输安全性(图 4)。此外在架构上,传输路径由单一专线拓展至量子路由器加密传输和专线传输冗余备份,提高了试点业务系统的高可用性。

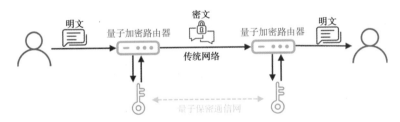

图 4　前期网络层量子密钥分发建设方案

虽然前期的网络层应用方案无须进行业务系统改造,但是存在应用可拓展能力低、量子密钥使用不灵活等问题。为探索量子密钥分发技术在金融安全领域的更多适用场景,农业银行进一步加大研究投入,拟采用新的应用模式在年内实现系统间同城跨数据中心的量子加密信息传输,用于系统间的交易支付及对账场景中。本次应用试点将采取应用层解决方案,将量子密钥拓展至量子保密通信网络外的系统应用节点,业务可在应用层按需获取量子密钥进行加解密,实现量子防护功能的快速集成落地;业务系统使用量子密钥加密,报文发出即是密文,实现端到端的量子安全保障(图 5)。

(2) 广泛应用量子随机数提升基础安全防御能力

随机数在金融行业广泛应用,不论是验证码的生成还是加密算法中的原始密钥都

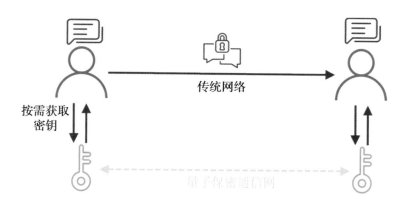

图 5 应用层量子密钥分发建设方案

需要使用随机数。目前普遍使用的伪随机数一旦被攻破，给金融行业带来的损失不可估量。农业银行敏锐地洞察到目前伪随机数被攻破的风险，积极谋划作为，在 2022 年启动量子随机数云平台建设并于同年 12 月成功投产，将量子随机数应用于安全密码控件、图形验证码、K 令挑战码等重要金融场景中。

随着越来越多的业务系统接入量子随机数云平台，农业银行也拓展了众多量子随机数应用场景(图 6)。例如认证场景中，可以通过短信、邮箱等渠道将量子随机数发给员工用户，实现多因素身份认证。而在交易场景中，量子随机数可以作为服务端随机种子用于保障交易的唯一性，在每次验证使用后立即丢弃，能够防止网络窃听者的重放攻击。与此同时，在交易场景中，量子随机数可以作为数据保护要素(非密钥)参与交易报文加密和完整性过程，确保即使相同交易数据输出的密文和完整性验证值都是不同的，能够有效避免密文分析攻击，强化交易场景的安全性。

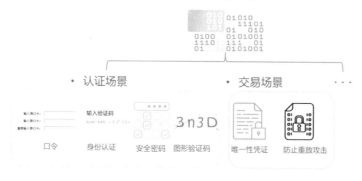

图 6 量子随机数的金融应用场景

(3) 探索后量子密码算法应用落地

金融行业通常利用密码算法对敏感信息进行加密保护，涉及数字签名、身份认证、数据传输、IC 卡密钥装载等大量应用场景，因而密码算法的安全是保障金融行业数据安全的根基。为了应对未来可能出现的安全威胁，对金融行业的密码安全体系进行加固改造势在必行。

农业银行持续跟踪国际后量子密码算法领域技术发展趋势,已完成了算法选型与原型验证工作,并计划在年内完成后量子算法在核心系统的落地应用。在符合国密要求的基础上,应用后量子密码算法进行加固,充分保护核心数据安全,有效抵御潜在的量子计算攻击。

随着后量子密码算法的持续发展,经典公钥密码向后量子密码迁移已成为必然趋势。农业银行将继续收集和整理国内外金融行业对于量子安全威胁的应对策略,并结合我国金融行业的实际情况,制定针对性策略,形成迁移研究报告,赋能本行业,为后续后量子迁移工作路线的制定提供参考和帮助,为未来传统密码安全体系平稳过渡到后量子密码安全体系贡献农业银行的力量。

2. 锻造量子之"矛",储备金融量子计算动力

多份报告指出,金融是最有可能率先通过量子计算获益的行业之一,且摩根大通、高盛集团等国际金融巨头均在相关方向上持续发力。农业银行把握量子信息技术趋势,组建内部量子计算研发团队,参与国内量子专业平台交流,并积极与金融同业协作开展量子计算在金融领域的研究工作。目前已实现模拟环境搭建,支持对 25 个量子比特的计算能力进行模拟,支持 Qcompute、QPanda、ISQ 等量子计算开发工具;开展了量子算法研究与核验,基于量子计算实验环境学习 QUBO 模型及 QCIS、Quingo、isQ-Core 等量子计算语言,对与金融领域相关的四则基础运算、组合优化、信息安全等量子算法进行初步研究,分析并验证量子算法。

接下来,农业银行将持续深耕量子计算领域,围绕优化、模拟、机器学习三个方向开展量子金融实用算法的研究,在投资优化、风险防控等方面突破现有算力约束、提升数据处理能力,为智能金融纵深发展赋能。

四、未来展望

近年来,量子信息技术领域基础科研与技术创新保持快速发展,以技术攻关、样机研制、应用探索和产业生态培育为一体的体系化发展格局已经形成。随着物理硬件指标和算法纠错性能的提升,通用量子计算将迎来下一个里程碑。而量子通信领域,基于量子隐形传态、存储中继等关键技术,将是量子通信领域的未来方向。此外,各类量子保密通信技术与后量子密码算法有望进一步探索不同方式的融合应用,共同为量子计算时代信息安全保驾护航。

无科技、不金融,科技兴、金融兴。农业银行在前期的探索应用中收获了前瞻性技术对金融业安全生态保障的成果,有效提升了金融业科技体系的安全水平。在未来,农业

银行将继续牵住科技创新的牛鼻子，走好科技创新先手棋，持续开展量子信息技术的建设探索。

随着量子计算机的服务能力逐步提升，农业银行将充分发挥量子计算的优势，打造量子金融的动力之"矛"，创新性地建设量子计算金融云平台。平台以互联网云计算形式对外提供量子计算资源。用户可以登录网页，利用国际通用的量子汇编语言，或者图形拖拽界面直接构建量子线路等形式，发送自定义的量子计算任务到量子计算机中，使之并行计算并返回结果。此外，平台能够编译运行量子金融算法，并通过应用量子算法对通用机器学习算法中的部分组件进行替换，实现效果优化和算力加速，进一步释放量子计算在金融场景中的应用潜力，提升金融服务实体经济的能力。

随着量子计算的威胁加剧与量子安全技术的逐步成熟，农业银行将立足发挥量子安全的独特优势，升级打造量子金融的安全之"盾"，探索建设综合性量子安全应用支撑平台。平台将按照"高安全、低耦合、高可用、高拓展"为原则设计，以最新标准的多种量子安全技术为底座，以统一接口为金融应用系统中数据备份、支付结算、资金交易等重要金融场景提供典型通用的量子安全服务。量子安全服务平台可与传统安全服务平台共同对外提供安全服务，融合经典信息安全与量子安全，助力安全体系平稳过渡，保证金融系统的长期安全。

量子信息技术是一项对传统技术体系产生冲击并进行重构的重大颠覆性技术创新，有望引领新一轮科技革命和产业变革。全球范围内的"量子竞争"正在激烈上演，并有望在未来十年形成规模化产业应用。因此迎接挑战、谋篇布局，积极建设量子信息技术是银行业未来数字化转型的必由之路。农业银行将继续肩负国有大行的使命担当，积极响应国家布局量子信息的战略号召，与金融和科技同行一道，瞄准行业关键技术应用难题，深化研究合作，共建量子金融应用产业生态，为量子信息技术在金融领域的应用推广做出贡献。

国外典型量子产学研联盟案例研究
及对中国的启示

秦　庆

量子科技属于战略性、基础性的前沿科技领域,对人类进步、国家安全、技术革命、产业变革意义重大。随着量子科技进入深化发展、快速突破的新阶段,国际竞争日益激烈,世界主要发达国家和地区的政府、教育机构、科研机构和产业资本正在加速进行战略部署,美国、欧盟等纷纷启动量子国家计划、量子旗舰项目、量子联盟。

产学研代表的是市场机构、教育机构、科研机构三类机构在功能上的协同配合、在资源上的集成优化。当前,产学研合作形式已经从传统的合作研究、委托开发、合建运行等互动方式逐渐进阶为战略联盟、创新联盟共同体等开放度、融合度、灵敏度更高的平台。产学研战略联盟和共同体是产学研合作的高级形态,也是目前产学研发展的最新态势之一,是一种相对稳定、联系密切的协同创新联合体和资源要素集聚平台。国际上的主要发达国家或地区正在通过建设量子产学研联盟、产学研社区以促进量子产业生态系统的形成和发育,以增强本身的量子国际竞争力。

本文着重阐述美国、欧盟两个量子科技国际领先主体的典型产学研联盟和社区案例,并结合我国量子产学研联盟的实际发展情况,为我国的量子联盟构建、运行机制设置和未来发展提出针对性建议。

一、美国量子经济发展联盟(QED-C)
构建模式及特征分析

美国推动了众多量子联盟的建立,例如:2018 年,美国国家标准与技术研究院(NIST)与斯坦福国际研究院(SRI International)联合成立量子经济发展联盟(QED-C);2019 年,劳伦斯·伯克利国家实验室和桑迪亚国家实验室共同领导成立量子信息前

＊　本文在量子科普作品评优活动中获图文组三等奖。

沿战略联盟(QIE);2020年,美国马里兰大学成立了中大西洋量子联盟(MQA),汇集学术机构、市场机构、政府机构、实验室和研究中心等多类主体;2022年,桑迪亚国家实验室、新墨西哥大学和洛斯阿拉莫斯国家实验室联合成立了新墨西哥量子联盟(QNM-C),目标是在新墨西哥州建立广泛的量子技术合作关系。

在这些量子联盟中,QED-C是由发起主体按照美国《国家量子倡议法案》要求所建立的,是一个囊括了全美主要量子科技公司、高校、科研机构和其他组织的大型产业联盟,在辐射范围、成员数量、产学研结合程度、资源及信息交换等维度上均处于美国头部水平,具有很强的创新案例参考价值(图1)。

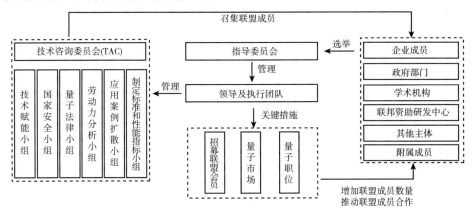

图1 美国量子经济发展联盟(QED-C)层次结构图

1. QED-C 概况及成员构成

2018年,NIST按照美国2018年颁布的《国家量子倡议法案》的要求,作为推进量子科技战略的一部分,支持成立了QED-C,由斯坦福国际研究院(SRI International)负责QED-C的管理。根据公开数据显示,截至2022年8月3日,QED-C将其所有成员分为企业、政府部门、学术机构、联邦资助研发中心(FFRDC)、其他、附属成员共6大类,共239家主体成员。

企业成员共148家(图2),占比61.9%,包括:谷歌、微软、IBM等科技巨头;波音、洛克希德·马丁等军工制造巨头;Zapata、Rigetti、IonQ等量子初创公司;德勤、波士顿咨询集团等咨询服务类公司;ZRG Partners、StrategicQC等人才招聘与服务类公司。这些不同类型的利益相关者共同构成了量子产业生态系统。

政府部门共37家主体,占比15.5%,覆盖了美国海军、陆军、空军、太空部队、国防高级研究计划局(DARPA)等国防机构,白宫科技政策办公室(OSTP)、国家情报总监办公室(ODNI)等联邦政府的科技情报和科技政策机构,美联储、亚特兰大联邦储备银行等国家金融机构,美国商务部、美国能源部等行政机构。其重点是用量子技术发展军工领域,为企业发展配套相关政策、金融、行政支持。

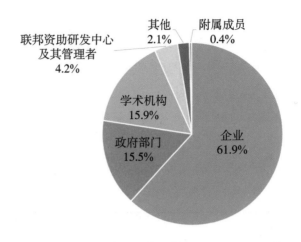

图 2　量子经济发展联盟(QED-C)成员类型比例

学术机构共 38 家大学,占比 15.9%,覆盖了斯坦福大学、普渡大学、哈佛大学等顶尖高校,有利于为联盟进行人才培养。

FFRDC 共 10 家主体,占比 4.2%,大部分是隶属于美国能源部(DOE)的国家实验室,包括橡树岭国家实验室、洛斯阿拉莫斯国家实验室、桑迪亚国家实验室等国防类国家实验室,显示了联盟在重大科研基础设施和国防军工技术上的实力。

其他类别里,包括 5 个主体:美国物理学会(APS)、电信行业解决方案联盟(ATIS)、美国光学学会(Optica)、国际光学和光子学学会(SPIE)、慈善组织 Connected DMV,总体数量占比 2.1%。

附属成员,目前仅有香港航空通讯公司(HKA Marketing Communications) 1 家公司,占比 0.4%。

2. QED-C 的组织结构及运行模式

QED-C 的组织结构由核心领导团队、指导委员会、管理团队及实习生、技术咨询委员会四个部分组成。

截至 2022 年 8 月 4 日,QED-C 的核心领导团队是 3 人,均来自斯坦福国际研究院,执行主任是 Celia Merzbacher 博士,她曾在美国海军研究实验室(NRL)、OSTP、总统科学技术顾问委员会(PCAST)等单位任职,在学术研究、商业拓展与政府关系上有着丰富经验;Jonathan Felbinger 博士担任副主任,曾在美国政府问责局(GAO)任职;Krystal Bouverot 担任副主任,在战略咨询和运营管理上有着丰富经验。

QED-C 的指导委员会共 10 位成员,执行主任 Celia Merzbacher 博士、副主任 Felbinger 博士也在其中,其他 8 位成员分别来自 DOE、NIST、大学太空研究协会(USRA)、IBM、Cold Quanta(量子计算硬件研发公司)、Keysight(测量仪器公司)、QC Ware(量子计算软件研发公司)、Zapata Computing(量子计算软件研发公司)。

QED-C 的管理团队目前仅有 1 位成员 Mary Scott，他是一位分析师，来自斯坦福国际研究院。还有 5 位实习生，他们也全部来自斯坦福国际研究院。

技术咨询委员会的职责是召集联盟成员，解决量子产业发展所面临的新兴挑战，目前技术咨询委员会包括 6 个功能小组：

（1）技术赋能小组，研究可以实现高价值应用和重大影响的技术，包括量子技术和经典技术。

（2）国家安全小组，搭建了一个供政府和行业交流、推进量子信息科技在国家安全领域应用的论坛 Q4NS，重点是探讨国家安全领域的量子科技议题。

（3）量子法律小组，提供一个供政府、行业和学术界交流量子信息技术相关法律问题和政策信息的论坛，议题主要为国际合作、多元化劳动力、知识产权、社会伦理等。

（4）制定标准和性能指标小组，将成员与全球相关标准制定组织联系起来，制定可以促进量子技术产品和服务商业化的标准。

（5）应用案例扩散小组，识别并详细说明量子技术的落地应用和案例，成果将告知整个供应链的相关主体，包括组件供应商、用户、政府部门和投资者。

（6）劳动力分析小组，与大学和其他教育机构合作，研究支撑新兴量子产业的教育需求、从业者发展需求。

3. QED-C 的使命、目标和愿景

QED-C 的使命是在美国建立和发展一个强大的基于量子科技的产业生态和供应链。

（1）QED-C 的目标覆盖了 5 个方面

① 培育美国强大的量子生态系统和产业供应链。

② 传递量子行业的集体声音，为美国联邦机构的研发选择、投资优先事项选择、标准和法规制定、量子劳动力教育等提供信息和指导。

③ 促进和协调与政府机构的关系，包括行业互动关系和伙伴关系。

④ 促进量子领域的知识产权共享、高效的供应链协同、技术发展预测、提供量子教育以提高整体行业参与者的量子科技素养。

⑤ 交流量子技术潜在的经济价值。

（2）QED-C 的愿景包括 3 个维度

① 明确基于量子技术、有实质性影响和应用价值的实践案例和应用方案。

② 明确实现有效、多样的量子技术应用方案所需要的支撑技术、技术标准、技术性能指标以及劳动力素养。

③ 与产业界、学术界和政府机构的利益相关者合作，填补技术、标准和劳动力缺口。

4. QED-C 的重要行动

（1）招募联盟会员是 QED-C 的基础性活动，QED-C 提供了很多会员权益，主要包

括 8 个方面：与产业界、学术界、政府部门的领导者一同参与仅限 QED-C 会员才能参与的会议；参加聚焦于应用方案、技术赋能、标准制定和劳动力培育的技术委员会；参加邀请制的研讨会，研究技术发展的优先级和路线图；随时了解联邦政府提供的机遇、优先事项和政策；参与 QED-C 资助的合作研发；获取 QED-C 的数据、分析报告、调研报告等资料；可以联系到学术研究人员和学生；为 QED-C 方向规划和治理做出贡献。

（2）量子市场（Quantum Marketplace）是 QED-C 最具创新性的措施，设置宗旨是帮助有量子相关技术需求的人找到供应商、客户和合作伙伴。量子市场几乎覆盖了美国量子科技产业链各种类型的企业，汇集了硬件（低温学/电子/射频/微波/激光/光源与探测器/光学与光子学/测试与测量/真空/其他）、软件（通用/专用）、应用/系统（通信与网络/量子计算机/传感器/定时/其他）、服务（研究/智库/咨询/投资/法务/制造与装配/专业服务/其他）、终端用户（通用/其他）、其他共 6 个类别的企业名录及量子产品，这些产业上中下游的信息集聚推动了美国量子产业链的高效运转。同时，量子市场每月召开主题式网络研讨会，由联盟成员介绍自己的产品和服务，参会成员围绕几个关键议题进行讨论，所有网络研讨会全部录制并展示在量子市场的网页中。

（3）量子职位是 QED-C 的关键举措，其面向联盟成员，收集成员的用工信息，并将信息整理公开在网页上。这里提供的量子职位来自公司、学术机构、国家实验室和政府机构；岗位类型包括研发人员、工程师、技术销售、产品经理、战略岗、财务、法务、行政等，已经形成庞大且多样的就业生态圈；工作地点覆盖了美国、德国、英国、法国、荷兰、加拿大、韩国等地，显示了联盟成员具有很强的国际化协作能力。

5. QED-C 的典型特征

（1）QED-C 的成员从地理分布上看，遍布美国东、中、西部，显示了美国量子科技产业的地域贯通式发展理念，同时也有如日本东芝公司、香港航空通讯公司等，体现了联盟的国际合作趋势。总体来看，企业主体占据一半以上的比例，政府机构和学术机构数量相当，"政府主导＋企业主体"的设置能激发企业主体的自主创新活力、加速产业链的完善，同时发挥国家实验室、学术机构在重大科研基础设施方面的优势，支撑完成符合美国战略的重大科技项目，在人才配合上有利于形成"企业人才＋国家实验室科研人才＋大学人才"的复合型联盟人才团体，共同推进美国量子创新生态人才系统的快速形成。

（2）在组织结构上，QED-C 目前已经形成一个由领导及执行团队、指导委员会、技术咨询委员会组成的扁平化、分工明确的组织架构，是自下而上的组织形式，指导委员会由会员选举产生，成员囊括了政府部门、科研机构、协会、非营利机构、科技巨头、初创公司，其做出的决策更具有全面性和代表性。QED-C 的战略发展任务、具体管理任务均由斯坦福国际研究院的成员承担，斯坦福国际研究院负责了整个联盟的管理工作。技术咨询委员会聚焦联盟发展的实际问题,提供具体解决方案。

(3) 在联盟定位和重要举措上,当前 QED-C 的总体定位是通过社群机制在美国形成量子产业规模效应,通过参与行业标准制定和政策建议在美国量子科技领域掌握话语权。这样的联盟形式可以最大程度代表美国量子工业界的集体利益,可以对政府部门、对社会公众传递集体声音,重点解决一些行业内的痛点问题。对于大量的量子初创企业而言,"量子市场""量子职位"这样的关键措施也有助于其尽快融入整个量子产业链,解决其人力资源需求、合作伙伴关系建立、商业规范等实际问题。

二、欧盟量子旗舰社区构建模式及特征分析

2016 年,来自欧洲科学界和产业界的超过 3500 个利益相关方联合发布《量子宣言》,呼吁建立欧盟层面的量子技术旗舰计划。2018 年,欧盟委员会发起成立量子旗舰项目,这是继石墨烯旗舰项目和人脑项目之后,欧盟启动的第三个战略性新兴科技的大型研究和创新计划,其目的在于巩固和扩大欧洲在量子研究领域的科学领导地位,提高欧洲在量子科研创新、产业发展和投资上的竞争力、活力和吸引力。

为了实现这一目标,欧盟委员会在量子旗舰项目下设置了量子旗舰社区,这是一个庞大且多样的量子技术社区,包括了工作组、量子社区网络(QCN)、欧洲量子产业联盟(QuIC)三个主体,这三个主体互相配合、协同发展,为欧洲量子创新生态系统的建设奠定了基础(图 3)。

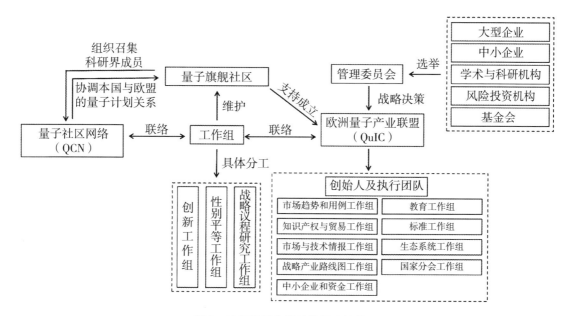

图 3　欧盟量子旗舰社区层次结构图

1. 量子旗舰社区工作组

工作组的任务是联系和团结社区,同时协助指导量子旗舰项目的发展。工作组由创新工作组、战略议程研究工作组、性别平等工作组三个部分构成。

(1) 创新工作组负责联络科研人员、行业代表、专业协会、初创企业、风险投资、孵化器等量子技术创新的利益相关者,围绕量子技术的应用建立结构化、建设性的交流机制;研究如何将实验室里的量子技术投入市场应用;制定用于识别量子技术用例的标准及方法。

(2) 战略议程研究工作组负责制定战略和确定研究重点,为量子技术社区和量子旗舰提供研究焦点。工作组内主要分为量子通信、量子计算、量子模拟、量子传感与测量、基础科学五个方向,同时为了加强与其他领域的交叉,工作组还包括软件、理论、工程、控制四个领域的研究团队,其产业成员数量一直保持在 20% 以上,确保研究内容与量子旗舰项目和社区的愿景一致。

(3) 性别平等工作组目标是推动量子科技领域内女性群体的发展,并与整个欧洲正在运行或正在开发的性别平等项目建立联络,对量子旗舰社区可以纳入的举措进行可行性研究。团队的主要工作是:促进女性参与量子技术社群;在科学会议上就性别不平等问题进行演讲;发起两性平等的会议讨论,要求在会议上监测和报告性别统计数据,确保女性充分参与重大科技活动等。

2. QCN 成员及主要工作

QCN 由在量子科技领域的杰出成员组成,一般一名成员会有一位助手。截至 2022 年 8 月 6 日,共计 32 位成员、24 位助手,成员和助手来自法国、德国、奥地利、芬兰等欧洲国家,成员或是在教育及科研机构任职,或是经历过量子技术领域严格的学术训练,在量子科技领域具备丰富的科研经验。

这些成员的主要工作有 4 个方面:

(1) 收集并分享本国量子科技的相关活动信息或实践应用案例。例如,收集本国在量子技术领域的科研项目、工程项目、相关研讨会、正式会议、相关课程和其他教育活动、实习工作等信息,如有必要需协助翻译成英文。

(2) 促进国家量子技术倡议和欧盟量子旗舰之间的交流和项目协调;帮助和协调本国的国家计划和欧盟量子旗舰计划之间的合作及关系,例如支持本国政府建立国家量子技术倡议。

(3) 促进科学领域的性别平等。

(4) 按要求提供本国相关法规、活动等其他信息。

3. QuIC 工作组及任务

QuIC 是一个非营利性协会,使命是提升欧洲量子技术产业的竞争力和经济增长,并促进整个地区的价值创造。QuIC 的组织架构由创始人团队、管理委员会、执行团队、工作组 4 个部分构成。

截至 2022 年 8 月 6 日,创始人团队包括 1 位总裁,1 位财务长,2 位副总裁,4 人均来自量子及相关企业;管理委员会共 11 人,由 QuIC 里具有投票权的成员选举产生,负责为 QuIC 做出战略决策;执行团队包括 1 位执行主任和 1 位行政助理,负责具体任务执行。工作组负责具体一线工作,当前共有 9 个工作组,每个工作组有 1 位负责人,这些工作组支撑起联盟各项活动的开展和运行,这些小组的具体负责人及任务如下:

(1) 市场趋势和用例工作组的任务是识别与欧洲经济相关的量子产业市场趋势和量子技术用例,负责人来自德国的机械及工程制造公司 BOSCH。

(2) 知识产权与贸易工作组的任务是研究量子技术领域的知识产权主要风险与挑战,并确定解决方案,负责人来自荷兰的专利律师事务所 De Vries & Metman。

(3) 教育工作组的主要任务是解决教育需求,提升欧洲在量子技术领域的劳动力数量与质量,负责人来自英国的量子技术培训和招聘公司 QURECA。

(4) 标准工作组的主要任务是提供方法与工具,确保 QuIC 成员之间对所有量子技术标准的需求一致化,确保新兴的量子技术市场和量子生态系统的可持续发展,负责人来自奥地利的量子计算公司 ParityQC。

(5) 市场与技术情报工作组是 QuIC 的社区论坛,旨在研究和跟踪欧洲量子技术的现状和进展,负责人来自英国的量子计算公司 Oxford Quantum Solutions。

(6) 战略产业路线图工作组负责制定量子计算、量子通信、量子测量、量子传感 4 个主要量子垂直领域的行业主导的、综合的路线图,负责人来自法国的飞机研发及制造公司 Airbus。

(7) 生态系统工作组汇集了 QuIC 中的各种量子社区,目标是提供一个"半结构化的环境"(指拓展性强、可以自由表达多种信息的发展环境),让成员在不断加强自身在欧洲整个量子生态系统中的价值的同时,为欧洲和全球量子技术产业做出贡献,负责人来自西班牙的提供数字化转型战略和技术的公司 Bluspecs。

(8) 中小企业和资金工作组着眼于中小企业在量子生态系统中的价值,以及中小企业在从事量子技术研究、开发和商业化过程中面临的资金来源问题,负责人来自德国的知识产权保护公司 Sonnenberg Harrison。

(9) 国家分会工作组负责在欧洲建立强大的 QuIC 本地化分会,每个分会都由指定的 QuIC 成员组成,他们作为 QuIC 在当地的联络点和沟通渠道,负责人 Thierry Botter

是 QuIC 的执行主任。

QuIC 的成员主要来自中小企业、大型企业、学术及研究机构、协会 4 类主体,成员分为两个级别:准成员和正式成员。其成员资格相当宽泛,对任何从事量子相关研发或商业活动的法律主体开放,但同时要求其总部位于欧洲成员国、英国以及欧盟候选国和欧盟联系国。

截至 2022 年 6 月 24 日,QuIC 一共有成员 163 家,其中正式成员 88 家,准成员 75 家(图 4)。根据 QuIC 对成员属性的定义,所有成员中,大型企业共 34 家,占比 20.9%;中小企业 90 家,占比 55.2%;学术与科研机构 29 家,占比 17.8%;协会 6 家,占比 3.7%;风险投资机构 2 家,占比 1.2%;基金会 1 家,占比 0.6%;未定义成员 1 家,占比 0.6%。

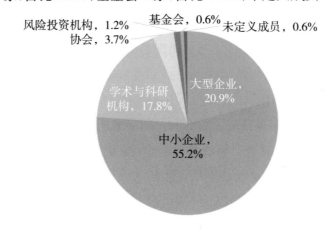

图 4 欧洲量子产业联盟(QuIC)成员类型比例

整体来看,QuIC 的成员以中小企业为主,同时引入投资机构、基金会、协会、学术机构、大型企业,从技术、项目、资金等多个维度来满足其技术发展与创新需求,其目的是在欧洲形成一个充满活力的开放式的量子创新生态系统。QuIC 的组织架构设置以目标实现为导向:创始人团队和管理委员会的成员绝大部分是企业创始人、联合创始人或高管,且来自不同类型的量子相关企业,可以敏锐感知产业与市场需求,做出更具代表性和可操作性的建议与决策,协调 QuIC 的市场资源并展开行动;执行团队和工作组采用扁平化结构和项目负责制,明确 9 个工作方向并落实到具体 1 位负责人,其产出成果旨在满足 QuIC 成员的实际工作需求并协调成员之间的竞争与合作关系,对欧洲量子资源进行有效配置。

4. 欧盟量子旗舰社区的典型特征

欧盟量子旗舰社区(QCN)的构建,其本质是围绕量子合作伙伴、量子研究设施设备、量子供应链、量子科学教育体系、量子科学精神与文化 5 个方面打造欧盟的量子科技创新生态系统,其核心抓手是产业联盟、智库团队和执行工作组。QuIC 以企业为主体,聚合了欧洲的投资机构、基金会等其他主体，定位是一个综合性产业联盟。QCN 则由具备专业学术训练的成员构成，定位是一个智库团体，而欧盟量子旗舰社区下的工作组则负责协调与团结社区内所有主体，包括各种联合体、政府部门、企业、学术机构、市场机构等，通过聚合效应最大程度集成优化欧洲的量子资源，推动欧盟量子旗舰计划成功进行。

三、欧美案例对中国的启示

1. 中国量子产学研联盟发展现状

整体上看，中国近几年在相关政府部门、事业单位、企业、高校等主体的联合推动下，产生了一批量子联盟，其中也出现了具备地域覆盖性和影响力的量子联盟，例如：

2015 年，由中国科学院国有资产经营有限责任公司牵头，中国科学技术大学、科大国盾量子技术股份有限公司、阿里巴巴（中国）有限公司等单位作为成员参与的"中国量子通信产业联盟"成立，该联盟旨在促进中国量子通信产业在创新链、产业链和资本链之间的有效联动。

2022 年，中国工业和信息化部的直属科研事业单位中国信息通信研究院牵头，联合清华大学、中国科学技术大学、中国通信标准化协会、华为、腾讯等 40 家量子信息领域相关高校、协会、企业等单位共同发起成立了量子信息网络产业联盟（QIIA），联盟的任务是促进量子信息产业链构建、要素聚集、生态培育。

2022 年，由中国科学院量子信息与量子科技创新研究院牵头，联合我国在量子信息领域的代表性高校、科研院所、量子科技企业、行业龙头企业以及相关机构和组织等成立量子科技产学研创新联盟（QIC）。联盟集中了中国科学技术大学、清华大学、北京大学、上海技物所、科大国盾量子、中国电信、中国工商银行、腾讯等近 80 家单位，在战略研究、技术创新、产业生态、标准评测、教育科普等方面开展工作，推动产业链与创新链、资金链、政策链深度融合、协调发展。

除了国家范围的量子联盟，一些由企业主导的产业联盟也纷纷成立。2018 年，本源量子对标美国 IBM 公司的量子产业联盟（IBM Q Network，2017 年成立，目标是推动 IBM 的量子计算产品在联盟内的使用），成立了本源量子计算产业联盟（OQIA），成员有中船重工 709 所、问天量子、云从科技、中国科学技术大学、哈尔滨工业大学等产业界和学术界伙伴，联盟以量子计算的上下游生产制造、生态应用、科普教育为链条，协同推进多个行业的量子计算发展。

与欧美的量子联盟相比，我国量子联盟的内部合作和外部发展还有很大的空间。从地域分布上看，中国的量子联盟及参与主体多集中于中国东部地区及中东部的安徽省,地域分布与发展很不平衡。从技术属性上看,中国的量子联盟集中在量子通信和量子计算领域,在量子测量和仪器制造上的关注度较为有限。

从参与主体来看,中国的量子联盟覆盖的行业领域有限,多为技术类企业,缺乏多类型的产业链配套企业(例如咨询服务公司、人才招聘类公司、律师事务所等),跨领域的商业主体参与数量较少也导致应用场景拓展受限,较难为研发端主体提供丰富有价值的市场需求信息。

从合作模式上看,由于量子技术本身的复杂性和商业化落地不明确,加上产学研的创新链、人才链、资金链没有形成,导致各主体大多分散运行,无法产生聚合力。从产出成果上看,目前国内尚无具有产业标杆意义的合作范式及成果。

整体来看,中国量子联盟的发展仍处于初级阶段,需要解决的痛点、填补的空白实际上还有很多。

2. 欧美案例的启示

(1)制定国家级的量子科技战略发展规划,设置专门的管理主体重点针对国家量子基础能力建设、量子科技创新机制构建、量子科技战略性研发方向指导与技术路线设置、不同创新主体的优势互补与协同发展机制构建、相关量子联盟与社区建设、国际量子情报管理等工作进行统筹。同时,注重中国东、中、西部的量子科技资源布局与协调促进,对国内量子科技资源进行集成优化与合理配置。

(2)构建开放创新式的国家量子创新生态系统,可以通过政府主导、企业为主体的方式来加速推动战略性新兴技术创新生态系统的发育和成长,协调相关政府部门、教育机构、科研机构、企业、协会与学会等创新主体,组成量子利益相关者社区和实质性产学研联盟,对重大战略任务、社会重大需求项目进行产学研协同攻关,在创新成果生成、成果转移转化、知识产权保护、产业配套等方面进行工作机制建构和工作成果保护,维护生态系统的可持续发展(图5)。同时,在量子创新生态系统内加速构建对国际量子高水平人才和团队、风险投资及金融机构、具备核心竞争力的量子企业、其他相关量子知识成果富集主体的引入机制。

(3)推动构建主体泛化的量子联盟与社区。量子科技当前的商业应用场景并不十分明晰,量子科技创新主体在合作路径、产出成果应用上较为保守,不利于量子创新生态系统的发育。因此需要构建跨行业、跨学科、跨地区的量子技术联盟与社区,注重引入咨询类、法务类、财务类、猎头类等非技术研发类公司,针对特定任务进行协同,解决科学发现、科技发明向实际应用场景转化过程中的应用技术问题与商业问题。

(4)通过社群机制推动量子科学教育与科学普及,为产业发展储备技术人才,提高公众参与度以营造崇尚量子科学、理性表达的科学文化氛围。相关量子联盟和社区可

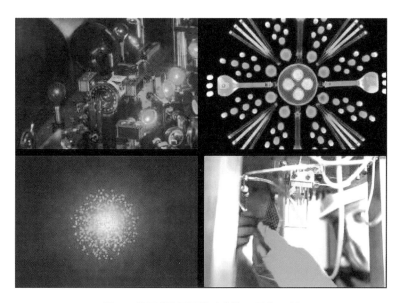

图 5　美国"量子图像库"若干图片示例

以发挥社群的覆盖面广、传播效率高等优势,构建多层次的科教与科普体系,注重对青少年的量子启迪,可以组织力量创作量子科学教育资源包、量子科学传播资源库、量子技术原理趣味游戏等可视化、感染力强的传播内容。对大学生及适龄青少年开放量子岗位,鼓励其积极融入量子产业生态。对社会公众开放体验产品、场所,在宣传自身科技成果的同时有效传播科学知识。

前瞻与畅想：量子科技改变世界

张 媛

2023年2月9日，新华社发布消息，中国科学技术大学潘建伟、陈腾云等与清华大学马雄峰合作，首次在实验中实现了模式匹配量子密钥分发。

量子密钥分发基于量子力学基本原理，理论上可以实现无条件安全的保密通信，因此一直是学术界的研究热点。该项研究成果表明，模式匹配量子密钥分发在不需激光器锁频锁相技术的条件下，可以实现远距离安全成码且在城域距离有较高成码率，极大地降低了协议实现难度，对未来量子通信网络构建具有重要意义。

从"遥远神秘"的实验室走出来，量子科技似乎离我们又近了一步。

当前，利用量子科技认识和改造世界的浪潮在世界范围内蓬勃兴起。量子科技将给世界带来怎样的变化？

一、量子"风暴"，方兴未艾

您还以为量子科技是近些年才出现的新技术？其实，量子科技与量子力学相伴相生。1900年，德国物理学家普朗克提出量子概念，随后，海森伯、薛定谔、玻尔等一批天才科学家奠定了量子力学的理论框架，量子时代就这样开启了。量子力学建立后，催生和发展起来一系列科学与技术，直接或间接改变和提升着人类获取、传输和处理信息的方式和能力。

您还以为量子科技是遥不可及的技术？事实上，量子科技早已并将持续造福人类社会。晶体管、激光器、核聚变、核磁共振、全球定位系统以及无处不在的电脑和互联网……这些改变时代的技术都是量子科技的产物。如果说晶体管是计算机的基础，激光技术是互联网的基础，那么量子力学直接催生了现代信息技术的发展。

了解量子科技之前，须先了解量子的一些"诡异"特性："分身术"——量子叠加，即一个量子可以同时存在好几种状态；"超距作用"——量子纠缠，纠缠的一对量子如同有"心

---

* 本文在量子科普作品评优活动中获图文组二等奖。

灵感应"一样(这仅仅是个比喻)。同时,量子还很"古怪"——不可分割和不可克隆。刘慈欣在小说《球状闪电》中这样描写量子现象:"不看,它就存在;看了,它就消失。"

量子力学是复杂的。百年来,量子力学一直难以被大众理解,甚至连它的创造者本身都有所疑虑。微观尺度的量子世界具有"不确定性""叠加性""概率性"等,这些都有悖于我们对于世界是"客观的""确定的"等常识。

量子力学的观念又是革命的。量子力学和相对论的出现,革命性地发展了由牛顿、胡克等科学家构建的经典物理学体系。量子力学给世界带来了前所未有的冲击和震撼。

量子力学先驱玻尔曾说:"不为量子论所震惊者,必然不理解量子论。"现在,我们或许可以说:不为量子科技所震惊者,必然不了解量子科技。量子科技的发展诞生了一系列颠覆传统认知的科学发现和科技发明,逐渐成为经济社会跨越式发展、产业技术颠覆性进步的基石与动力。

量子科技将成为新一轮科技革命和产业变革的前沿阵地,全局性整合量子科技资源、集中力量突破发力,已在全球形成广泛共识。各国纷纷出台支持量子技术研发的重大计划、倡议和发展政策,如美国量子"登月计划"、欧盟"量子宣言"旗舰计划、英国"国家量子技术计划"、日本"量子司令部机构"等,旨在从国家战略层面体系化推动量子科技发展。

二、颠覆经典,超越极限

凭借神奇"基因",量子力学"天生"就从原理上颠覆了一些经典学科。当量子物理学与信息科学交叉融合,便产生了量子信息技术。这门新学科直接引发了第二次量子革命,其代表领域是:量子计算、量子通信与量子精密测量。

量子计算具有颠覆经典计算的潜力。与非0即1的经典比特不同,量子计算采用"量子比特",可同时处理0和1。因而量子计算机"九章"一分钟完成的任务,超级计算机"富岳"需要花费一亿年! 这不是从1到100的提升,而是从"蜡烛"到"电灯"的颠覆。当今人类社会正朝着"数智时代"前进,经典计算机的速度将碰到"天花板"。后摩尔时代,经典计算机最有力的竞争者就是量子计算机。科学家们预言,当可以精确操纵的量子比特超过一定数目时,量子计算机的能力将会远超任何一台经典计算机。

量子计算是量子科技中关注度最高的领域,各国正在从包括量子硬件、量子软件、量子控制、量子云服务等不同领域发力,聚合体系化发展。2019年IBM首先实现了50个量子比特计算机"IBM-Q",53个量子比特的"悬铃木"(Sycamore)紧随其后。我国是目前唯一在光量子和超导量子两种物理体系都实现这一关键技术突破的国家,以"九章号""祖冲之号"为代表的量子计算原型机先后实现"量子优越性",树立新的里程碑。

量子保密通信相对于传统保密通信,理论上来看是绝对安全的。量子通信是基于量子叠加态或量子纠缠效应,通过量子隐形传态、量子密钥分发等技术手段,实现保密通信的。量子力学中的不确定性、测量塌缩和不可克隆等原理使得通信"永不泄密"成为可能。

对于广域量子通信,目前国际上形成三种发展路线图:一是通过光纤实现城域量子通信;二是通过中继实现城际量子通信;三是通过卫星实现更远距离量子通信。欧盟等国 20 世纪 90 年代起就开始对量子通信进行研究和开发,21 世纪后多国已建立城域实验网,通信距离超过上百公里。我国于 2016 年发射了世界上首颗量子卫星"墨子号",填补了第三种路线图的空白。2022 年 6 月,"墨子号"首次实现了地球上两个相距 1200 千米地面站间的量子态远程传输,向构建全球化量子通信网络迈出重要一步。

量子精密测量更是远远超越了经典测量的极限。量子精密测量以量子为"尺子",利用微观粒子(光子、原子、离子)的量子态进行制备、操控、测量和读取,实现对角速度、重力场、磁场、频率等物理量的超高精度"写真"。神奇的是,量子世界里测量结果是随机的,物体的状态也会在测量时突然改变,然而量子精密测量却使人类得以在精密测量领域实现跃迁。比如,1967 年铯原子钟重新定义了"秒",2010 年铝离子光钟达到 37 亿年误差不超过 1 秒的惊人水平……原子钟已经从科学幻想,一步步成为航空航天等领域的重要支撑。

量子精密测量极大地提高了测量精度、稳定性和灵敏度,它不易受环境干扰,且无须校准。科学家们预言,量子精密测量未来可能彻底改变现有测量仪器仪表的形态。目前,各国科学家正在积极开发量子超分辨显微镜、量子磁力计、量子陀螺仪等,许多成果已经应用在材料、地质、生物等相关研究中。

三、重塑世界,潜能无限

2022 年 10 月,诺贝尔物理学奖颁发给了三位量子信息科学领域的科学家——阿兰·阿斯佩、约翰·克劳泽和安东·塞林格,以表彰他们在量子信息科学方面做出的突出贡献,同时也激发了全球对量子科技的关注。人们不禁开始思考,量子科技将以怎样的姿态改写未来世界?

毫无疑问,量子科技必将造福国计民生。量子科技将在密码保护、城市规划、道路设计、气象预测、金融分析、战略认知、新药物研发等领域,打开全新图景。同时,量子科技也会深刻影响纳米成像、室温超导体研发、先进农业、能源开发、人工智能等领域。如今,量子科技给人类带来的帮助已经初见端倪。2022 年,日本成功利用基于金刚石的量子传感器磁力计探测心脏中的异常磁信号。这意味着,心磁图或将取代精度不高的心电图，从而帮助医生更有效地治疗心血管疾病。许多科学家相信，随着量子科技在医学领域不断发展，越来越多的不治之症将被攻克。

量子科技将重塑战争面貌。克劳塞维茨曾说："要想通晓战争，必须审视每个特定时代的主要特征。"信息化、智能化的未来战场上，可能会出现这样的场景：决策机构通过量子优化算法进行战争预测、仿真推演、大规模任务规划、资源规划等；指挥人员利用装载了人工智能的量子计算机，快速分析海量战场数据，并进行智能决策；战场上，量子通信将打造牢不可破的新型军事通信网，全域搜索、智能识别、网状火力杀伤将基于绝对信息安全生成新型一体化作战模式；此外，量子传感和精密测量将重写战场精度，量子雷达将彻底终结隐身战机时代……

更多的科学家则将目光投向未知疆域。他们认为，量子科技更重要的意义在于，它能加深人们对于自身的理解，揭示自然界演进规律的秘密，帮助人类探索太空、深海、地心等更广袤的空间，接近浩渺宇宙中难以触及的谜团。2021 年加拿大和英国的科学家利用量子模拟，首次模拟了基本量子粒子——重子；2022 年我国科学家首次在处于强相互作用极限下的费米超流体中测得神秘的"第二声"的衰减率……这些对"宇宙参数密码本"的一步步破译，甚至有望支持我们探索遥不可及的中子星，了解宇宙在大爆炸之初的情况。

科普动画电影之探索量子世界

武亚特　曾梦词　房震滇

一、卫星生产车间

在这个现代化的生产车间里,我们正在制造探索量子世界的重要工具——卫星芯片(图1)。车间内,多台精密设备正在忙碌地工作,其中一台设备正在对卫星芯片进行激光刻印。镜头聚焦在激光刻印的过程上,该芯片达到微米级的精准度,将国家量子科技实力显示得淋漓尽致。

(a)

(b)

图 1　卫星生产车间示意图

＊　本作品在量子科普作品评优活动中获视频组三等奖。

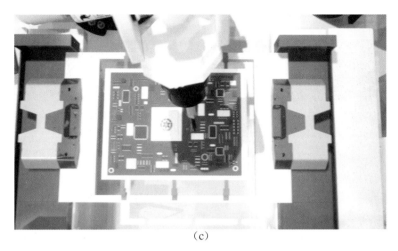

（c）

图1 卫星生产车间示意图（续）

二、火箭制造基地

在酒泉火箭制造基地，一座写有"中国航天"字样的火箭已巍然矗立于发射架之上，其表面闪耀着国家的荣耀与航天的梦想（图2）。火箭尾部冒出滚滚的烟雾，伴随着金色的火光闪烁，预示着即将到来的壮丽升空。这震撼人心的场景，不仅是对中国航天实力的展示，更是对未来探索无限宇宙的坚定宣示。

（a）

图2 火箭制造基地示意图

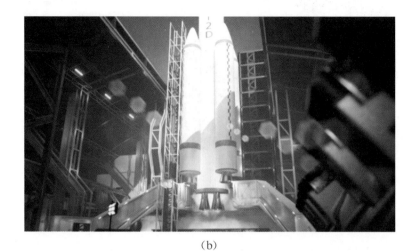

(b)

(c)

图 2　火箭制造基地示意图(续)

三、火箭发射中心

　　在酒泉卫星发射中心,一望无际的平原在晴朗的夜空下显得格外辽阔。火箭庄严地矗立在发射台上,仿佛一位准备出征的勇士。随着夜幕的降临,空气中弥漫着紧张而激动的氛围。突然,倒计时声响起:"5、4、3、2、1,点火!"瞬间,火箭尾部喷发出炽热的火焰,伴随着巨大的轰鸣声,它冲破天际,直冲云霄,在夜空中划出一道壮丽的弧线,宣告着又一次成功的发射(图 3)。这是我国在量子科技领域新的里程碑。

（a）

（b）

（c）

图 3　酒泉火箭中心的火箭从做发射准备到正式发射的过程图

(d)

（e）

图3　酒泉火箭中心的火箭从做发射准备到正式发射的过程图(续)

　　在酒泉卫星发射中心，用长征二号丁运载火箭于2016年8月16日1时40分发射升空，它是由我国自主研制的世界上首颗空间量子科学实验卫星（图4）。

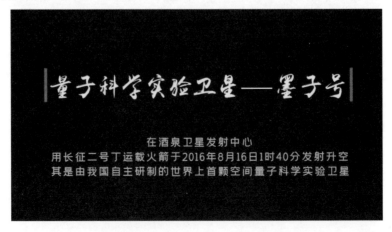

图4　我国自主研制的世界上首颗空间量子科学实验卫星墨子号发射升空

四、微系统研究所

随着星际穿越主题曲缓缓流淌，上海微系统研究所内，纵横交错的精密金属仪器在暗夜中闪耀着璀璨的光芒。量子计算机正高速运转，其表面跳跃的数据如同星辰般闪烁，量子粒子在其中舞动，展示着人类科技的巅峰之作，构建出一个科技与艺术交织的奇幻画面（图5）。

（a）

（b）

图 5　上海微系统研究所中的量子计算机

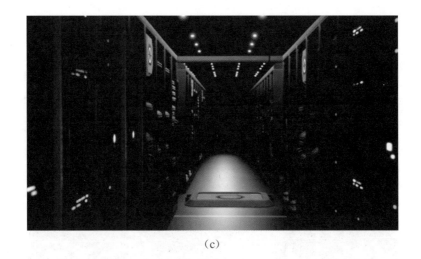

(c)

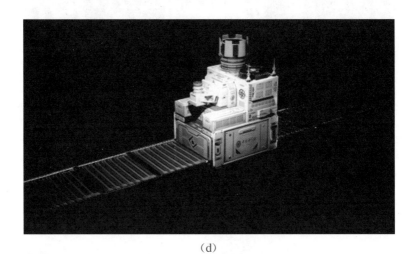

(d)

图 5　上海微系统研究所中的量子计算机(续)

五、地月飞行轨道

　　在广袤无垠的宇宙中,中国科学院的卫星静静地运行在地球与月球之间的轨道上。它的身影在蓝白色地球的映衬下显得尤为醒目,地球表面那细腻的纹理和云彩的流动仿佛触手可及。卫星在无声地执行着任务,收集着宝贵的数据,同时也在默默地守护着这颗蓝色星球。背景中,深邃的宇宙如同一片无尽的海洋,闪烁着点点星光,彰显着宇宙的浩瀚与神秘(图 6)。

图 6　地月轨道上正在工作运行的卫星

量子科学出版工程

果壳中的量子场论 / （美）徐一鸿(A. Zee)　张建东　等

量子信息简话:给所有人的新科技革命读本 / 袁岚峰

量子系统格林函数法的理论与应用 / 王怀玉

量子金融:不确定性市场原理、机制和算法 / 辛厚文　辛立志

量子计算原理与实践 / 曾蓓　鲁大为　冯冠儒

量子与心智:联系量子力学与意识的尝试 / （美）德巴罗斯　刘燊　等

量子控制系统设计 / 丛爽　双丰　吴热冰

量子状态的估计和滤波及其优化算法 / 丛爽　李克之

量子统计力学新论:算符正态分布、Wigner 分布和广义玻色分布 / 范洪义　吴泽

介观电路中的量子纠缠、热真空和热力学性质 / 范洪义　吴泽　范悦

量子场论导引 / 阮图南

幺正对称性和介子、重子波函数 / 阮图南

量子色动力学相变 / 张昭

量子物理的非微扰理论 / 汪克林　高先龙

不确定性决策的量子理论与算法 / 辛立志　辛厚文

量子理论一致性问题 / 汪克林

量子系统建模、特性分析与控制 / 丛爽

基于量子计算的量子密码协议 / 石金晶

量子工程学:量子相干结构的理论和设计 / （英）扎戈斯金　金贻荣

量子信息物理 / （奥）蔡林格　柳必恒　等